動物生殖科学

種村健太郎
岩田尚孝
木村康二
[編著]

朝倉書店

執筆者

*種村 健太郎（たねむら けんたろう）　東北大学大学院農学研究科教授

大蔵 聡（おおくら さとし）　名古屋大学大学院生命農学研究科教授

原 健士朗（はら けんしろう）　東北大学大学院農学研究科准教授

木村 直子（きむら なおこ）　山形大学農学部教授

金井 克晃（かない よしあきら）　東京大学大学院農学生命科学研究科教授

松山 秀一（まつやま しゅういち）　名古屋大学大学院生命農学研究科准教授

白砂 孔明（しらすな こうめい）　東京農業大学農学部教授

原山 洋（はらやま ひろし）　神戸大学大学院農学研究科教授

宮本 圭（みやもと けい）　九州大学大学院農学研究院教授

松本 道孝（まつもと みちたか）　宇都宮大学農学部教授

*岩田 浩尚（いわた ひろひさ）　東京農業大学農学部教授

池田 俊太郎（いけだ しゅんたろう）　京都大学大学院農学研究科教授

田中 智志（たなか さとし）　東京大学大学院農学生命科学研究科教授

*木永 康昌（きなが こうまさ）　岡山大学学術研究院環境生命自然科学学域教授

永岡 耕治（ながおか こうじ）　北里大学獣医学部教授

吉浪 芽衣（よしなみ めい）　麻布大学獣医学部教授

笹崎 健（ささざき たけし）　静岡大学農学部教授

松澤 健昌（まつざわ たけまさ）　広島大学大学院統合生命科学研究科助教

大野 宏衣（おおの ひろい）　宮崎大学農学部教授

飯野 昌朗（いいの まさあき）　農林水産省畜産局家畜遺伝資源管理保護室長

（執筆順，＊は編集者）

ま え が き

　現在，家畜の生産には，生殖技術が広く使われています．またヒトでは生殖技術を利用して誕生する子供も10人に1人に迫っています．我々人間を含めた動物の生殖に関する知識はこれらの技術の基礎として使われています．さらに実験動物や，再生医療などの研究にも貢献することができます．

　以上の理由から，本書は，朝倉書店より刊行された『動物生殖学』(2003) や『新動物生殖学』(2011) に続く教科書として，動物生産学，畜産学，獣医学を学ぶ大学生，短大生，技術者，高度生殖補助医療に携わる胚培養士，そして他領域の研究者に向けてまとめています．

　本書の作成にあたっては，『動物生殖学』や『新動物生殖学』の重要項目を残しつつ，哺乳動物の生殖現象について最新の知見を取り入れ，全体をバランスよく学べるよう配慮しています．また，多くの大学で講義される動物生殖学や家畜繁殖学などのシラバスに対応する章構成とし，講義内容を補足する豊富な情報を含むように工夫しました．特に，1～14章では哺乳類全般の生殖現象を総論的に，15～18章では家畜や家禽の生殖現象を各論的に取り上げています．19章では家畜人工授精師を目指す学生のみなさんに向けて，法令関係の内容を取り上げています．さらに，学生にとって親しみやすく，わかりやすい内容を目指しました．各章の冒頭には「はじめに」として現在の状況を含めた導入部分を設け，続けて「概要」として全体を網羅する部分を配置しました．さらに，各章の最後には「おわりに」と題して今後の展望や可能性を示しています．

　本書を通じて，学生のみなさんが哺乳動物の生殖についての基礎的な知識だけでなく，実践的知識や応用技術を習得し，将来のキャリアに役立てることを目指しています．また，本書の内容をより深く理解したい読者のために，巻末にいくつかの参考図書を掲載しました．どうぞご活用ください．

　最後に，新進の研究者にわかりやすくまとめた教科書の必要性を唱えられた

佐藤英明先生，さらには本書の執筆にご協力いただいた各筆者の先生方，そして企画・出版にご尽力いただいた朝倉書店編集部の方々に深く感謝申し上げます．

2025 年 2 月

編著者一同

目　　次

1. **動物の生殖生物学概論**································[種村健太郎]···1
　1.1　動物の生殖生物学の概要································1
　1.2　生　殖　細　胞································2
　1.3　減数分裂の仕組み································2
　1.4　精　子　と　卵································3
　1.5　有性生殖の意義································4

2. **性　　行　　動**································[大蔵　聡]···6
　2.1　性行動の概要································6
　2.2　性行動は卵子と精子が出会う場をつくりだし新たな生命を誕生させる································7
　2.3　哺乳類の雌の性行動は発情徴候から始まる································7
　2.4　雌の発情行動は雄を許容する定型的な行動である································8
　2.5　雌の性行動は発情周期中の内分泌環境により制御される································9
　2.6　雌の性行動の発現にはフェロモンが重要である································9
　2.7　哺乳類の雄の性行動は求愛行動から始まり交尾行動で終わる································11
　2.8　哺乳類の性行動は外的環境によって影響を受ける································12

3. **雄の生殖器官**································[原　健士朗]···14
　3.1　雄の生殖器官の概要································14
　3.2　陰嚢は精巣温を調節する機能を持つ································15
　3.3　精巣は精子形成とホルモン分泌の機能を持つ································15
　3.4　精巣上体は精子を成熟させる機能を持つ································18
　3.5　精管は射出前の精子を貯蔵する機能を持つ································19
　3.6　副生殖腺は精液に含まれる物質を分泌する機能を持つ································19

iv　　　　　　　　　　　目　　　次

　　3.7　陰茎は精子を雌性生殖器内に送り込む機能を持つ‥‥‥‥‥‥‥‥20

4. 雌の生殖器官‥‥‥‥‥‥‥‥‥‥‥‥‥‥‥‥‥‥‥‥‥[木村直子]‥22
　　4.1　雌の生殖器官の概要‥‥‥‥‥‥‥‥‥‥‥‥‥‥‥‥‥‥‥‥‥‥‥22
　　4.2　卵巣は，卵母細胞の備蓄，卵胞発育，性ホルモンの分泌を担う‥‥‥23
　　4.3　生殖道は，受精，胎子の発育，分娩時の産道を担う‥‥‥‥‥‥‥‥30
　　4.4　外生殖器は，雄との交接，外部からの感染防御を担う‥‥‥‥‥‥‥32

5. 性　　分　　化‥‥‥‥‥‥‥‥‥‥‥‥‥‥‥‥‥‥‥‥[金井克晃]‥34
　　5.1　性分化の概要‥‥‥‥‥‥‥‥‥‥‥‥‥‥‥‥‥‥‥‥‥‥‥‥‥34
　　5.2　*SRY* は X 染色体上の *SOX3* を起源とし Y 染色体を進化させたと
　　　　　考えられる‥‥‥‥‥‥‥‥‥‥‥‥‥‥‥‥‥‥‥‥‥‥‥‥‥‥36
　　5.3　体腔上皮由来の生殖隆起に生殖細胞が移動し，精巣/卵巣の原基を
　　　　　形成する‥‥‥‥‥‥‥‥‥‥‥‥‥‥‥‥‥‥‥‥‥‥‥‥‥‥‥37
　　5.4　セルトリ細胞が，精巣を構築し，卵巣分化を抑制する‥‥‥‥‥‥‥38
　　5.5　ステロイド産生細胞（ライディッヒ細胞，内卵胞膜細胞）はセル
　　　　　トリ細胞，顆粒膜細胞からのヘッジホッグ（HH）シグナルにより
　　　　　誘導される‥‥‥‥‥‥‥‥‥‥‥‥‥‥‥‥‥‥‥‥‥‥‥‥‥‥39
　　5.6　雌雄の生殖細胞の減数分裂の開始タイミングは，レチノイン酸シ
　　　　　グナルにより制御される‥‥‥‥‥‥‥‥‥‥‥‥‥‥‥‥‥‥‥‥40
　　5.7　卵巣への分化は，WT1（-KTS），FOXL2，RUNX1 転写因子と
　　　　　RSPO1-WNT4 シグナルにより誘導される‥‥‥‥‥‥‥‥‥‥‥‥41
　　5.8　AMH と性ホルモンによる生殖管の性分化‥‥‥‥‥‥‥‥‥‥‥‥41
　　5.9　ウシのフリーマーチンなどの家畜の性分化疾患‥‥‥‥‥‥‥‥‥‥42

6. 生殖とホルモン‥‥‥‥‥‥‥‥‥‥‥‥‥‥‥‥‥‥‥[松山秀一]‥44
　　6.1　生殖とホルモンの概要‥‥‥‥‥‥‥‥‥‥‥‥‥‥‥‥‥‥‥‥‥44
　　6.2　生　殖　周　期‥‥‥‥‥‥‥‥‥‥‥‥‥‥‥‥‥‥‥‥‥‥‥‥46
　　6.3　ホルモンとは‥‥‥‥‥‥‥‥‥‥‥‥‥‥‥‥‥‥‥‥‥‥‥‥‥47
　　6.4　ホルモンのフィードバック機構‥‥‥‥‥‥‥‥‥‥‥‥‥‥‥‥‥48
　　6.5　視床下部で産生されるホルモンは，主に 2 つの経路を通じて下垂
　　　　　体からのホルモン分泌を調節する‥‥‥‥‥‥‥‥‥‥‥‥‥‥‥‥48

6.6 視床下部に存在する GnRH ニューロンは下垂体前葉での LH, FSH
合成および分泌を調節する………………………………………49

6.7 下垂体前葉で合成，分泌される LH は GnRH の分泌動態に対応し
てパルス状またはサージ状に分泌される………………………49

6.8 下垂体前葉で合成，分泌される FSH は GnRH だけでなく，卵巣や
精巣から分泌されるインヒビン等によっても調節される…………51

6.9 性腺で合成，分泌されるステロイドホルモンは配偶子形成や副生
殖器の発育，機能維持に関与するだけでなく，視床下部・下垂体
からのホルモン分泌を制御する役割も担っている………………51

6.10 卵巣や精巣では抗ミューラー管ホルモン，インヒビン，アクチビ
ン，リラキシンなどのペプチドホルモンも分泌される……………54

6.11 子宮と胎盤のホルモンは黄体機能への作用を介して妊娠維持に
関わる…………………………………………………………55

6.12 下垂体後葉で分泌されるオキシトシンは子宮平滑筋を収縮させ
て分娩の開始に関与するだけでなく，乳汁排出反射を引き起こす…56

6.13 下垂体前葉で合成，分泌されるプロラクチンは乳腺上皮細胞にお
ける乳汁の産生と分泌を刺激する………………………………57

7. 生殖と免疫………………………………………………[白砂孔明]…58

7.1 生殖機能に関わる免疫機構の概要……………………………58

7.2 免疫システムで卵巣機能が制御される…………………………60

7.3 精巣の免疫システムは特殊である………………………………62

7.4 精液は母体の免疫システムを調節する…………………………62

7.5 胚と母体が免疫システムを利用してコミュニケーションを行う……63

7.6 子宮や胎盤では特別な免疫システムが存在する………………64

7.7 妊娠の維持や出産・分娩においても免疫担当細胞が関係する………65

8. 雄の配偶子形成…………………………[原 健士朗・原山 洋]…67

8.1 雄の配偶子形成の概要…………………………………………67

8.2 精　　　液………………………………………………………71

9. 雌の配偶子形成 ……………………………………[宮本 圭]… 79

9.1 雌の配偶子形成の概要 ………………………………………… 79

9.2 卵子形成には，様々な発生ステージにおける一連の変化が必要である ……………………………………………………………… 82

9.3 加齢に伴い，卵子が受精後に正常発生する能力が低下する ……… 88

9.4 卵母細胞を体外で培養する技術の発展 ………………………… 89

10. 受 精 ……………………………………………[松本浩道]… 91

10.1 受精の概要 …………………………………………………… 91

10.2 精子と卵子は卵管膨大部で出会う …………………………… 91

10.3 受精には精子の受精能獲得と先体反応が必要である ………… 93

10.4 精子は卵丘細胞層および透明帯を通過後に卵子内に侵入する ……… 94

10.5 精子の侵入後，卵子は多精子受精を阻止し，減数分裂完了に至る … 95

10.6 体外受精は，体内の受精過程を体外で行う培養技術である ……… 98

11. 胚 の 初 期 発 生 ………………………………………[岩田尚孝]… 102

11.1 胚の初期発生の概要 ………………………………………… 102

11.2 精子の核DNAは凝集している ……………………………… 104

11.3 受精後の脱メチル化は精子側と卵子側のDNAで異なる ………… 105

11.4 母性因子の適切な管理が胚発生には重要である ……………… 107

11.5 初期胚から胚盤胞期胚に向けて胚の形態は大きく変化する ……… 107

11.6 胚の発育に伴い代謝は大きく変化する ……………………… 108

11.7 胚の正常性は様々な基準で評価される ……………………… 109

11.8 胚の保存は広く行われている ………………………………… 109

11.9 胚の発育を支える未知の因子がたくさんある ………………… 110

11.10 体外での培養方法や父親・母親の曝露される環境は胚の質や予後にも影響する …………………………………………… 110

12. 胚 の 初 期 分 化 ………………………………………[池田俊太郎]… 112

12.1 胚の初期分化の概要 ………………………………………… 112

12.2 初期胚は全能性を持ち胚性ゲノムの活性化（ZGA）後にそれを失う ………………………………………………………… 113

12.3	初期胚の割球にはコンパクションと並行して極性化するものがでてくる	114
12.4	Hippo シグナルの活性の有無は ICM と TE への分化を制御する	116
12.5	ICM には多能性に関わる転写因子が発現する	117
12.6	ICM はエピブラストと原始内胚葉(ハイポブラスト)に分化する	118
12.7	エピブラストは胎子組織のすべてと一部の胚外組織に寄与する	120
12.8	原始内胚葉は卵黄嚢を形成する	120
12.9	TE は一部の ICM 由来の組織とともに胚外組織を形成する	121

13. 胎　盤 [田中　智] 123
13.1	胎盤の概要	124
13.2	着床過程は apposition, adhesion, invasion の 3 段階で進む	125
13.3	着床の様式は種によって異なる	125
13.4	着床の成功は子宮の受け入れ状態に依存する	127
13.5	胎盤の様式も種によって異なる	128
13.6	胎盤の多様性に内在性レトロウイルスが関与しているかもしれない	131

14. 妊 娠 と 分 娩 [木村康二] 134
14.1	妊娠と分娩の概要	134
14.2	妊娠の成立と維持機構は動物種ごとに大きく異なっている	135
14.3	分娩は妊娠状態を打ち破ることである	140

15. ウシの繁殖とその技術 [永野昌志] 144
15.1	ウシの繁殖とその技術の概要	144
15.2	ウシの卵胞発育の特徴とその制御を知ることは繁殖成功に不可欠である	145
15.3	発情発見はウシ繁殖成功の要である	146
15.4	人工授精はウシ繁殖の基本である	147
15.5	胚移植はウシ繁殖効率を改善する	152

16. ブタの繁殖とその技術‥‥‥‥‥‥‥‥‥‥‥‥‥‥‥‥‥‥‥［吉岡耕治］‥156

16.1 ブタの繁殖とその技術の概要‥‥‥‥‥‥‥‥‥‥‥‥‥‥‥‥‥‥‥156

16.2 ブタは成長が早く，生殖器の構造は特徴的である‥‥‥‥‥‥‥‥‥‥157

16.3 雌の繁殖生理の理解は生産性を高めるうえで重要である‥‥‥‥‥‥157

16.4 発情診断および交配（授精）適期の見極めは妊娠させるための大
前提である‥‥‥‥‥‥‥‥‥‥‥‥‥‥‥‥‥‥‥‥‥‥‥‥‥‥‥‥159

16.5 人工授精は生産現場でも普及している‥‥‥‥‥‥‥‥‥‥‥‥‥‥160

16.6 発情同期化は計画的な子ブタ生産のために重要である‥‥‥‥‥‥162

16.7 ブタにおける胚移植は感染症対策としても有用である‥‥‥‥‥‥162

16.8 ブタ胚は低温障害を受けやすいが，ガラス化凍結法により超低温
保存が可能である‥‥‥‥‥‥‥‥‥‥‥‥‥‥‥‥‥‥‥‥‥‥‥‥164

16.9 胚の体外生産は医療用モデルブタの作出にも活用される‥‥‥‥‥164

16.10 そのほかの繁殖技術‥‥‥‥‥‥‥‥‥‥‥‥‥‥‥‥‥‥‥‥‥‥166

17. ニワトリの繁殖とその技術‥‥‥‥‥‥‥‥‥‥［笹浪知宏・松崎芽衣］‥168

17.1 ニワトリの繁殖とその技術の概要‥‥‥‥‥‥‥‥‥‥‥‥‥‥‥‥168

17.2 ニワトリの卵巣と卵管は左側だけが発達する‥‥‥‥‥‥‥‥‥‥169

17.3 ニワトリ卵子は巨大である‥‥‥‥‥‥‥‥‥‥‥‥‥‥‥‥‥‥‥170

17.4 ニワトリは1日に1個産卵する‥‥‥‥‥‥‥‥‥‥‥‥‥‥‥‥‥171

17.5 ニワトリの精巣は体内にある‥‥‥‥‥‥‥‥‥‥‥‥‥‥‥‥‥‥172

17.6 ニワトリの精子には受精能獲得が必要ない‥‥‥‥‥‥‥‥‥‥‥‥172

17.7 ニワトリは卵管内で精子を長期間貯蔵する‥‥‥‥‥‥‥‥‥‥‥‥173

17.8 ニワトリは多精子受精をする‥‥‥‥‥‥‥‥‥‥‥‥‥‥‥‥‥‥174

17.9 育種選抜が進んだニワトリでは就巣性が失われている‥‥‥‥‥‥175

17.10 人工授精で受精卵を生産できる‥‥‥‥‥‥‥‥‥‥‥‥‥‥‥‥176

17.11 始原生殖細胞を利用して遺伝資源を保存する‥‥‥‥‥‥‥‥‥‥176

18. 家畜の繁殖障害‥‥‥‥‥‥‥‥‥‥‥‥‥‥‥‥‥‥‥‥‥［大澤健司］‥178

18.1 家畜の繁殖障害の概要‥‥‥‥‥‥‥‥‥‥‥‥‥‥‥‥‥‥‥‥‥178

18.2 家畜の淘汰理由として繁殖障害の占める割合は大きい‥‥‥‥‥‥180

18.3 雌の繁殖障害の原因は多岐にわたる‥‥‥‥‥‥‥‥‥‥‥‥‥‥181

18.4 繁殖障害の最たる様態は低受胎と不受胎である‥‥‥‥‥‥‥‥‥182

18.5 受胎しても妊娠期間を全うできるとは限らない……………………184

18.6 妊娠期間を全うしても無事に分娩できるとは限らない……………185

18.7 分娩後の生殖機能の回復の遅れが次の受胎性低下の要因となる……186

18.8 1頭の雄の繁殖障害が大きな経済的影響を与える…………………186

19. 家畜の改良増殖等に関する法制度について……………[飯野昌朗]…188

19.1 家畜改良増殖法・家畜遺伝資源に係る不正競争の防止に関する法律の概要……………………………………………………………………188

19.2 家畜改良増殖法は，種畜の利用や血統の確保等のためのルールを定めている………………………………………………………………189

19.3 和牛遺伝資源関連2法は，和牛遺伝資源の管理の徹底や知的財産としての価値の保護を目的としている…………………………………193

参 考 図 書……………………………………………………………196

索　　　引……………………………………………………………197

書籍の無断コピーは禁じられています

　本書の無断複写（コピー）は著作権法上での例外を除き禁じられています。本書のコピーやスキャン画像、撮影画像などの複製物を第三者に譲渡したり、本書の一部を SNS 等インターネットにアップロードする行為も同様に著作権法上での例外を除き禁じられています。

　著作権を侵害した場合、民事上の損害賠償責任等を負う場合があります。また、悪質な著作権侵害行為については、著作権法の規定により 10 年以下の懲役もしくは 1,000 万円以下の罰金、またはその両方が科されるなど、刑事責任を問われる場合があります。

　複写が必要な場合は、奥付に記載の JCOPY（出版者著作権管理機構）の許諾取得または SARTRAS（授業目的公衆送信補償金等管理協会）への申請を行ってください。なお、この場合も著作権者の利益を不当に害するような利用方法は許諾されません。

　とくに大学等における教科書・学術書の無断コピーの利用により、書籍の流通が阻害され、書籍そのものの出版が継続できなくなる事例が増えています。

　著作権法の趣旨をご理解の上、本書を適正に利用いただきますようお願いいたします。

[2025 年 1 月現在]

1

動物の生殖生物学概論

はじめに

地球には多種多様な生物が存在し，その特徴のひとつは「増える」ことである．なぜならば，自然界において，生物には寿命があり，そのため生物は寿命が尽きる前に新しい生物をつくりだすことができなければ，その生物は絶滅することになる．この，「親」が「子」をつくりだす生物学的過程が「生殖」である．本章では，本書の主対象とする高等動物のみならず，動物一般の生殖生物学についても記述する．

1.1 動物の生殖生物学の概要

動物の体をつくる細胞には2種類ある．ひとつは個体の生命を維持するために機能し，動物個体の生命と運命をともにする細胞で体細胞という．もうひとつ，受精することによって永遠に不死ともいえる**生殖細胞**（1.2節参照）を持っている．

生殖には，他の動物個体を必要としない無性生殖と，他の動物個体を必要とする有性生殖の様式がある．無性生殖には1つの動物個体が2つに分裂する2分裂と，動物個体に生じた小突起が成長して新しい生物個体となる「出芽」がある．すなわち，無性生殖を行う動物は体細胞でありながら生殖細胞でもある細胞でできている．一方で，有性生殖を行う動物の多くは**減数分裂**（1.3節参照）によって配偶子という特殊な生殖細胞をつくる．多くの動物は雌雄異体で，成熟個体が相対的に小さい配偶子を生産するものを「雄」，相対的に大きい配偶子を生産するものを「雌」という．また原生生物の一部は2個体が体表で接し，互いに小核を交換したのち分離して2個体となる「接合」をする．

雄性配偶子を**精子**，雌性配偶子を**卵**（正確には成熟した2次卵母細胞，または卵子）と呼ぶことが一般的である（1.4節参照）．精子は鞭毛を動かして運動

することができ，精子の大きさに対して巨大な卵に接近して侵入する．両者は合体して相互作用によって新しい生物個体をつくりだす．

カタツムリやミミズなど，動物によっては，雄の生殖器官と雌の生殖器官を持つ動物もいる（雌雄同体）．また，環境によって自らの生涯の間に性別を変える動物もいる（性転換）．なお，有性生殖を行う動物の中には，受精を行わずに雌性配偶子が発生し新しい個体をつくるものがある．これを単為生殖という．

無性生殖に比べて有性生殖では生殖の過程が複雑である．生殖の目的である次世代を誕生させることにおいては，有性生殖は無性生殖に比べて圧倒的に不利である．なぜ**有性生殖**（1.5節参照）を行う生物種が存在するのかに関して，最も説得力があるのは「遺伝的多様性の獲得にある」とする説である．

有性生殖を行う動物は，雌雄それぞれの生殖器官を発達させる．特に体内受精を行う哺乳類では交尾器を持ち，雄動物は雌動物の体内に射精する．雌動物は受精卵をどのように育てるかにより，卵生，卵胎生，胎生に分かれる．胎生では，雌動物の体内で受精と胚発生が生じ，ほぼ完成された新しい生物個体として分娩される．特に哺乳類の雌動物は乳腺を発達させて泌乳（ひにゅう）を行う．

1.2 　生 殖 細 胞

生物は生物から生まれ，個体としての生物は必ず死ぬ．個体の死を超えて生物が生きながらえるためには，「生命」を継承する細胞が必要である．これが生殖細胞である．雌雄の性を持ち，有性生殖を行う高等動物，特に哺乳類では生殖細胞は受精し受精卵となる．受精卵は分裂をすることで胚となり，やがて胚の一部の細胞が始原生殖細胞（または原始生殖細胞）に分化する．始原生殖細胞は性腺に移動し，やがて精子や卵となる．精子と卵が受精し，次世代の個体となり，再び一部の細胞が始原生殖細胞に分化し生殖細胞をつくる．このように，生殖細胞は一連の分化の流れを持つことから，生殖細胞系列とも呼ばれる．

1.3 　減数分裂の仕組み

細胞分裂は，体細胞でみられる体細胞分裂と生殖細胞にみられる減数分裂に分けられる．体細胞分裂は染色体の2倍体（核相2n）のコピーを維持し続ける．一方で，原理上，減数分裂では染色体が2倍体から4倍体（核相4n）に

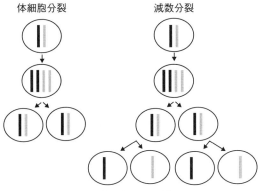

図 1.1 体細胞分裂と減数分裂

なった後，連続した2回の分裂により，1倍体（核相1n，1つの体細胞の染色体数が半分になっていることから半数体ともいう）の染色体を持つ生殖細胞をつくる．生殖細胞は合体（受精）することにより，再び2倍体の細胞となり個体に発生する．すなわち，生物が有性生殖を重ねても，種としての染色体が2倍体を維持するのは，生殖細胞をつくる過程で染色体数が半減し，受精によってもとに戻るからである．減数分裂の結果，1つの細胞が連続する分裂を2回行う（第1分裂と第2分裂）ので，4個の生殖細胞がつくられる（図1.1）．

減数分裂により，父方由来と母方由来の相同染色体がランダムに分配され，遺伝的に多様な生殖細胞がつくられる．さらに染色体の組換えも起こる．ウシの場合，30対，計60本の染色体を持つので，その組合せは 2^{30} 通りとなる．さらに減数分裂によって染色体の組換えが起こる．1本の染色体に1カ所ずつ組換えが起こったとすると，その組合せは，たとえばウシでは 2^{60} 通り（1,152,921,504,606,846,976通り）となる．すなわち，同じ遺伝子の組合せを持った配偶子はほぼありえないほど遺伝的に多様な配偶子が生み出される．

1.4 精 子 と 卵

初期胚において，始原生殖細胞は性腺に移動し，やがて雄動物では精巣で始原生殖細胞が核相2nの精祖細胞（または精原細胞）となり，体細胞分裂を繰り返した後に核相4nの1次精母細胞となる．そして，1つの1次精母細胞は連続する2回の減数分裂によって2つの2次精母細胞（核相2n）となり，4つの

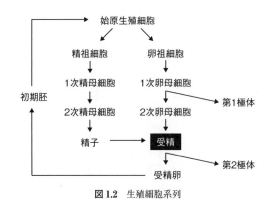

図 1.2 生殖細胞系列

精子細胞（核相 1n）となり，変形して最終的に 4 つの精子（核相 1n）となる．

一方で，雌動物では卵巣で始原生殖細胞が核相 2n の卵祖細胞（または卵原細胞）となり，体細胞分裂後に核相 4n の 1 次卵母細胞となる．そして，1 次卵母細胞は減数分裂を開始し核相 2n の 2 次卵母細胞と第 1 極体（核相 2n）となる．特に哺乳類では成熟した 2 次卵母細胞を卵子と呼ぶことが多いが科学的には正しくない．実際に卵母細胞は減数分裂を完了しておらず，自然界においては半数体としての卵子（核相 1n）は存在しない．おそらく精子に対応する用語として卵子という用語が使われるようになったと思われる．

この成熟した 2 次卵母細胞（核相 2n）に精子（核相 1n）が合体し 1 つの受精卵になるとともに，第 2 極体（核相 1n）を放出する．すなわち受精卵の核相は 2n である．なお，自然界においては極体は生物学的な活性を持たない（図 1.2）．

1.5　有性生殖の意義

すでに存在する生物個体は環境に適応している．まったく同じ環境においては，その環境に適応を示す無性生殖を行う生物が優れていると考えられる．その理由として，自然界において有性生殖を行う生物は異性と「出会う」ことが必須条件であり，また，「産む」ことができるのは雌動物だけである．加えて「育てる」という負担がかかる．さらに遺伝子の保存や修復機能にも特に優れているわけでもない．いわば，有性生殖を行う生物はコストパフォーマンスが非

常に悪いと思われる.

　ところが，環境が変化すると，その程度によっては無性生殖を行う生物の適応は難しくなり種が絶滅する危険性も高まる．これに対して，有性生殖を行う生物は，配偶子形成の過程で減数分裂を行うが，父動物由来と母動物由来の相同染色体がランダムに分配され，遺伝的に多様な生殖細胞がつくられる．さらに減数分裂によって染色体の組換えも起こる．すなわち，次世代以降の遺伝子型に多様性を与えることで，種として，環境変化に対応しやすく，資源の分配にも有利である．また，寄生体からの大規模な侵入を阻止することにも有利である．

おわりに

　特に高等動物の生殖機能は，遺伝要因や怪我，疾患，神経系要因，内分泌系要因，免疫遺伝系要因，他個体との社会的要因や微生物環境要因，栄養要因，気象などの環境要因の影響を受ける．悪条件が大きいと生殖機能は阻害される．

2

性　行　動

はじめに

　　性行動は，雌雄別々の個体が種の存続を目的として繁殖を達成するために発現
する行動である．そのためには，雌雄で調和のとれたタイミングで性行動を発現
する必要がある．特に雌では，雄の配偶子である精子を受け入れるため，受精・
着床が確実な時期に限って雄の交配の試みを受け入れる．言い換えれば，そのタ
イミングが合致しなければ，受胎は成立しない．

　　乳用牛や肉用牛を飼育する農家では雄ウシの性行動を目にする機会はほとん
どない．ウシの繁殖のほぼ100％が人工授精または受精卵移植で行われているか
らである．雌ウシでは，独特の性行動（スタンディング発情）が人工授精の適期
を見極める唯一の手段である．しかし，近年，微弱発情や無発情などの発情行動
に関する繁殖障害が頻発している．その結果，雌ウシの性行動が明瞭でないこと
による発情の見逃しや授精適期でない人工授精により，受胎率が低下している．
性行動の障害は畜産物生産性に直結することから，畜産学，繁殖学の知見を結集
して性行動のメカニズムを理解することが重要である．

2.1　性行動の概要

　哺乳類の生殖行動は，卵子と精子が出会う場をつくりだして新たな生命を育
むことで，自らの種を存続させるために不可欠な行動である．生殖行動のひと
つである性行動は，雌雄それぞれに特有の行動様式があり，また，動物種によっ
て特徴的で固有の行動を示す（2.2節参照）．

　雌の性行動は，発情開始に伴ってみられる**発情徴候**（symptom of estrus）と
呼ばれる特徴的な行動の変化から始まる（2.3節参照）．発情徴候に続き，雌は
雄の性行動である**乗駕**（mounting）を許容し，定型的な行動である**不動化反応**
により雄を受け入れる（2.4節参照）．雌の性行動は，発情周期中の内分泌環境
により制御される．特に，卵巣由来のエストロジェンは性行動の発現に第一義

的なシグナルとして機能し，同じく卵巣由来のプロジェステロンはエストロジェンの効果を増強する（2.5節参照）．また，雌の性行動の発現には，フェロモンが重要な役割を果たしており，性行動を誘発するフェロモンや，内分泌系を変化させることで発情周期を回帰させ，最終的に雌の性行動を誘起するフェロモンなどが同定されている（2.6節参照）．

雄の性行動は，発情して交配に適した時期にある雌を探索・同定するための**求愛行動**（courtship behavior）の後，乗駕から始まる一連の**交尾行動**（mating behavior）によって自らの精子を雌の生殖道に送り込むことで完結する．これらの一連の行動は，精巣由来のテストステロンに依存している．一部の雄動物の求愛行動であるフレーメンは，雌の尿中に含まれるフェロモン物質を雄が感受して発現する（2.7節参照）．

哺乳類の性行動は，季節繁殖のシグナルとなる日長の変化や，動物に負荷される種々のストレスなどの外的環境因子によって大きく影響を受ける．性行動のメカニズムを理解することは，これらの外的環境因子の作用や，微弱発情・無発情などの繁殖障害の発生要因の解明につながる（2.8節参照）．

2.2 性行動は卵子と精子が出会う場をつくりだし新たな生命を誕生させる

哺乳類の生殖行動は，遺伝情報を次世代に伝え，種としての存続を図るために不可欠な行動である．生殖行動は，雌の配偶子である卵子と雄の配偶子である精子が雌の生殖道内で出会う機会をつくりだすための性行動と，親，特に雌が子を自立できるまで保護・養育する育子行動からなる．

性行動は，雌雄それぞれに特有の様式があり，また，動物種によって特徴的で固有の行動を示すことが多い．また，哺乳動物の場合，ほとんどの動物種において雄は子育てには参加せず，雌が主に子育てを行う．育子行動は，雌でのみ発現することから，母性行動と呼ばれることもある．母性行動は動物種によって多様であり，一部の種では，雄が子育てに関わる父性行動を示す例もある．

2.3 哺乳類の雌の性行動は発情徴候から始まる

雌の性行動は，発情の開始に伴って現れる発情徴候と呼ばれる行動変化から始まる．雌ウシの発情徴候では，運動量の増加や摂食量の減少，互いに鼻を擦

り合わせる，顎を他のウシの尻に乗せる（チンレスティング，chin resting），他のウシの陰部のにおいを嗅ぐ，乗駕を試みるなどの行動がみられる．また，多くの動物種で雄を求めて鳴声をあげる行動も現れる．これらの行動は，排卵可能な卵胞の発育により血中に分泌される**エストロジェン**濃度の上昇によってもたらされる．エストロジェンは，体温の上昇，子宮頸管粘液の粘稠性の低下，子宮頸管の拡張による子宮頸管粘液の外陰部からの漏出などを引き起こす．また，子宮頸管粘液や尿に独特のにおいが現れる．これらの発情徴候は雄を誘引する効果がある．

　雌ウマの発情徴候には，食欲が減退して特有の鳴声をあげる，頻繁に排尿する，雄を近づけると腰をかがめて両後肢を開いて尾をあげ，陰唇を開閉して陰核を露出する行動（ライトニング，lightning）などがある．雌ブタの場合，発情が始まると外陰部が大きくなり，腟腔が拡大する．

2.4　雌の発情行動は雄を許容する定型的な行動である

　発情徴候に続き，**発情行動**（estrous behavior）を示すことで雌の性行動は完了する．発情行動は，雄の乗駕の試みに対して，それを受け入れる体勢をとり，雄を許容する行動である．そのため，動物種によらない定型的な行動である．

　ウシ，ヒツジ，ヤギなどでは，発情期以外は雄の近接を回避する行動をとるが，発情期の雌は雄が乗駕しても逃げなくなる（不動化反応）．乗駕を許容する状態を**スタンディング発情**（standing heat）と呼ぶ．畜産農家では雌ウシ（繁殖素牛や搾乳牛）のみの集団で飼育されており，発情した雌ウシ同士で互いに乗駕しあう行動を示す．発情の最盛期にある雌ウシは他のウシに乗られても静かにじっとしている．本来，雄ウシの性行動である乗駕を雌ウシが行うことは，ウシでは性行動を制御する脳の性分化が明確でないことを示しているのかもしれない．ウシの人工授精はスタンディング発情を目安に実施するため，授精適期を判断するのに重要である．すなわち，スタンディング発情を発見したときから6〜18時間程度が授精適期となるが，この時間は個体によって多少前後することに留意する必要がある．

　雌ウマは，雄に対する行動が性周期で極端に異なることが特徴的である．発情期以外では，雄の接近に対して威嚇など攻撃的に拒絶する一方，発情期が近づくと発情徴候を示し（2.3節参照），雄を積極的に受け入れるようになる．

ラットやマウスなどのげっ歯類では，発情した雌が雄に乗駕されたときに，動きを止めて脊柱を湾曲させて全身を反らせる体勢をとる．この行動を**ロードシス**（lordosis）と呼ぶ．ロードシスは，雄の乗駕に伴う背側への圧刺激によって起きる反射行動である．卵巣を除去された雌ラットではロードシスがほとんど起こらず，高濃度エストロジェンの代償投与によりロードシスが起こることから，ロードシスの発現はエストロジェン依存性であることが示されている．

2.5 雌の性行動は発情周期中の内分泌環境により制御される

雌の発情期にみられる発情徴候（2.3 節参照）および発情行動（2.4 節参照）は，卵巣からのエストロジェンの血中濃度が発情期に高まることにより誘起される．雌では，発情周期中の卵胞期の性腺刺激ホルモン分泌の亢進により卵巣において卵胞が十分に発育して排卵可能になったことを，卵胞由来のエストロジェンが脳の性行動制御中枢に伝達する．その結果，排卵と調和のとれたタイミングで性行動が発現できる．次世代を残す繁殖の完了のため，理にかなったメカニズムで制御されていることがわかる．

ラットやマウスなどのげっ歯類では，**プロジェステロン**が性行動の発現を増強する効果があることが知られている．これは，プロジェステロンが**エストロジェン受容体**の発現を誘導するためであると解される．また，反芻動物ではプロジェステロンの前感作がないと発情が誘起されず，性行動も明瞭でなくなることが知られている．たとえば，幼獣が性成熟に達した後の初回排卵時や，ヒツジやヤギなどの季節繁殖動物が非繁殖期から繁殖期に移行したときの初回排卵時には，発情行動を示さない．この現象も，プロジェステロンによるエストロジェン受容体の発現誘導作用の有無で説明できる．すなわち，性成熟後や繁殖期移行後の初回排卵時には，その前の排卵がないため，プロジェステロンを分泌する機能黄体が形成されない．そのため，プロジェステロン分泌相が欠落してエストロジェン受容体発現誘導が不十分となり，発情や性行動を示さない．

2.6 雌の性行動の発現にはフェロモンが重要である

フェロモン（pheromone）は同種他個体間で情報伝達を担う化学物質であり，様々なモノ（食べ物や花など）が発するにおい物質（「感じるにおい」と呼ばれ

る）とは異なり「動かすにおい」と呼ばれる．このことは，フェロモンを処理する感覚系がにおい物質の処理系とは異なることを意味している．すなわち，においの情報は鼻腔の奥深くにある嗅上皮の嗅神経細胞で受容され，嗅球の主嗅球と呼ばれる領域で情報が処理される（主嗅覚系）．一方，フェロモン情報は，鼻中隔の腹側基部の左右に一対存在する**鋤鼻器**に局在する感覚上皮（鋤鼻上皮）中の鋤鼻神経細胞で受容され，副嗅球と呼ばれる領域で情報が処理される（鋤鼻系）．

フェロモンには，同種他個体に特定の行動変化を誘起する**リリーサーフェロモン**（releaser pheromone）と，内分泌系などの生理的変化を引き起こすことで2次的に作用を現す**プライマーフェロモン**（primer pheromone）がある．昆虫類に比べて，哺乳類においてはフェロモンとして同定されている物質は多くはないが，これまでにいくつか同定されている．

発情中の哺乳類から放出されるフェロモンは，異性を誘引して性行動を直ちに誘発するリリーサーフェロモンであり，繁殖の成功に導くために重要な役割を果たす．発情した雌のアジアゾウの尿中に放出されるドデシニルアセテート（(Z)-7-dodecen-1-yl acetate）は，雄のゾウにフレーメン（2.7節参照）を誘起する．また，ブタでは，雄ブタの顎下腺から唾液中に分泌されるアンドロステノン（androstenone）を発情した雌ブタが受容すると，交尾姿勢をとったまま不動化する（2.4節参照）．世界三大珍味のトリュフにはアンドロステノンが含まれており，昔はトリュフの探索に雌ブタが使われていたことは興味深い．

哺乳類の性行動に関わるプライマーフェロモンとしては，非繁殖期の雌ヒツジの群れに雄ヒツジを導入すると，雌ヒツジの卵胞発育・排卵を誘起し，発情周期を回帰させる雄効果フェロモンが知られている．雄効果フェロモンは，雌に発情を回帰させることで最終的に雌の性行動を誘起する．ヤギでは，雄効果フェロモン物質として雄ヤギが発する4-エチルオクタナール（4-ethyloctanal）が同定されている．

産業家畜の生産現場では，雌は雄から隔離され，雌のみの集団で飼育されている．ウシの場合，生涯にわたって雄と近接・接触することはまれである．本来，雄に由来するフェロモンなどの化学的コミュニケーションが性行動，ひいては繁殖の成功に重要な役割を果たしていることを考えれば，フェロモン物質を繁殖性の向上に応用することは検討の余地があるといえる．

2.7 哺乳類の雄の性行動は求愛行動から始まり交尾行動で終わる

　哺乳類の雄の性行動は，交配前行動（求愛行動）と交配行動（交尾行動）に分けられる．雄は，性行動の最終的な目的である繁殖を完遂するため，発情して交配に適した時期にある雌を求愛行動により探索・同定し，乗駕から始まる一連の交尾行動によって自らの精子を雌の生殖道に送り込む．そのため，雄の性行動は発情している雌と近接したときに現れ，その様式は動物種間で本質的な差違はない．雄の性行動は，精巣由来のアンドロジェンの一種である**テストステロン**に依存している．

　ウシ，ヒツジ，ヤギなどの反芻動物の求愛行動では，雄は雌に積極的に近づいて尿や外陰部のにおいを執ように嗅いだりなめたりする．また，特徴的な鳴声を発したり，前肢で雌の腹部に触れたり，**フレーメン**（flehmen）と呼ばれる特徴的な行動を示す（図2.1）．これらの求愛行動は，雌動物の外陰部や尿に含まれるフェロモン物質を雄が感受して発現する．フレーメンは，雄が発情期にある雌の尿を嗅いだ後に数秒から数十秒にも及ぶ特徴的な行動であり，ブタ以外の多くの有蹄類でみられることが知られている．鼻面を上に向けて上唇をめくり上げ，歯や歯床板（反芻動物には上顎に前歯がなく，代わりに歯肉が硬くなった歯床板がある）をみせることから，「笑った顔」のようにみえる．反芻動物のフレーメンは，フェロモン物質を鋤鼻器（2.6節参照）に取り込むための

図 2.1　フレーメン

行動であるといわれている．マウスやラットなどのげっ歯類では，鋤鼻器は鼻腔にのみ開口するが，ウシ，ヒツジ，ヤギなどの反芻動物では，鋤鼻器は鼻腔と口腔をつなぐ切歯管と呼ばれる構造の中ほどに開口している．フレーメンにより，切歯管を通じてフェロモンを鋤鼻器に効率的に送り込んでいると考えられている．

　雌への求愛行動により，雌が発情して雄を許容していることが判別できると，雄は交尾行動を行う．雄の交尾行動は，陰茎の勃起（erection），乗駕（mounting），陰茎の挿入（intromission），射精（ejaculation）という一連の行動からなる．弾性線維型の陰茎を持つ反芻類やブタは，血管筋肉質型の陰茎を持つウマに比べて勃起が速い．また，陰茎の挿入は，乗駕とほとんど同時に起こるが，射精時間は動物種によって異なることが知られている．反芻動物の射精は一瞬で，射精と同時に腰を突き上げる動作をする．ブタの陰茎は，先端がらせん状となっており，陰茎の挿入後に陰茎の先端を子宮頸管に固定させて射精する．そのため，射精時間は5分以上になることもある．ウマでは勃起に時間がかかり，挿入時間が1分以上になることが多く，この間に射精が起こる．このように，交尾行動は動物種による生殖器の構造的な差違に基づき，特徴的な様式を示す．

2.8　哺乳類の性行動は外的環境によって影響を受ける

　哺乳類の性行動は，様々な外的要因によって影響を受ける．動物を取り巻く環境に由来する因子は性行動の発現を調節する．

　繁殖に季節性のある**季節繁殖動物**（seasonal breeder）では，繁殖期にのみ発情行動がみられ，季節性は雄よりも雌で顕著に現れる．季節繁殖性を示す雌では，日長の変化が第一義的な因子として作用し，繁殖期において視床下部-下垂体-性腺軸が活性化され，卵胞発育と排卵が誘起される．卵巣における卵胞発育に伴ってエストロジェンが分泌され，排卵の前後に血中エストロジェン濃度が亢進することによって雌の発情行動が誘起される．非繁殖期にある雌では，視床下部-下垂体-性腺軸が不活化され，その結果，血中エストロジェン濃度が低下するため，発情行動はみられなくなる．一方，雄の性行動は雌ほどの影響はなく，近くに発情した雌がいれば性行動を現す．この雌雄差は，性行動を制御する脳領域には，ホルモン感受性の違いなどの明確な性差があることを示し

ているのかもしれない.

　動物に負荷される様々な**ストレス**は性行動を減弱させる．性行動は，種の存続にとって重要な繁殖を確実にする行動であり，自己の生命維持機能よりも先にストレスの影響を受けやすいといえる．ストレスによる性行動の減弱は，神経系を介した性行動発現中枢への直接的影響と，内分泌系など生理的変化による間接的な影響が考えられる．ストレスによる直接的な影響としては，雄における，性欲減退や精神的勃起不全などが知られている．また，ストレスによる間接的な影響としては，たとえば，雌のヒツジやラットなどではストレス負荷によって亢進する視床下部-下垂体-副腎系に関わる様々なホルモン（副腎皮質ホルモン放出ホルモン，コルチゾールなど）や生理活性物質（カテコールアミン，神経ペプチドなど）が発情行動制御中枢を抑制することが示されている．ただし，動物種によってもストレスによる性行動への影響は異なり，また，ストレスには物理的，化学的，精神的など多様な種類があり，ストレスが負荷される強度によってもその効果が変わることは留意するべきである．

おわりに

　現代の畜産では，ウシの繁殖のほぼ100％が人工授精または受精卵移植で実施されている．人工授精をする場合，受胎が確実となる授精適期を見極めるには，雌ウシのスタンディング発情をきちんと同定する必要がある．現在では，スタンディング発情を目視で発見する以外の手法として，ウシに取り付けた行動量計をオンラインでモニターし，IT技術やICT機器を駆使して行動量の増加から発情を発見する発情検知システムも実用化されている．今後，発情行動の把握をより緻密に行うために，行動量の増加というパラメーターのみに依存せず，発情行動を高解像度で同定するスマート畜産技術が開発されれば，ウシ受胎率の飛躍的な改善が期待できるであろう．

3

雄の生殖器官

はじめに

　　有性生殖を行う雄の体内には，次世代に雄の遺伝情報を伝える精子を産生し，射出するための生殖器官がある．哺乳類の場合，多数の精子を，繁殖季節を通じて生産し続ける必要があり，雄性生殖器官はこの精子の生産工場としての役割を果たすための様々な仕組みを備えている．雄性生殖器官の機能や形態は，精子産生メカニズムの理解の基盤となるだけでなく，家畜の育種繁殖，特に人工授精の精液採取を行ううえで必須の知識である．

3.1　雄の生殖器官の概要

　図 3.1 にウシおよびブタの雄の生殖器官を示す．主な器官は，**精巣**（testis），**精巣上体**（epididymis），**精管**（vas deferens），**尿道**（urethra），**副生殖腺**（accessory glands）および**陰茎**（penis）である．

　精巣は，雄性動物の生殖腺で，精子と生殖に必要なホルモンを生産する．精巣上体，精管，尿道は精子の通路で，副生殖腺は射精時に分泌液を放出する．副生殖腺には，**精嚢腺**（seminal vesicle），**前立腺**（prostate gland），**尿道球腺**（bulbo-urethral gland, Cowper's gland）があり，陰茎は尿排泄器と交尾器を兼ねている．

　精巣の**精細管**（seminiferous tubule）の中で生産された精子は，精巣上体を通過中に成熟して運動能を獲得し，精巣上体尾部や精管の中で射精の機会を待つ．射精時に精子は精巣上体を離れ，精管を経て尿道へ運ばれ，副生殖腺の分泌液と混ざり，陰茎から精液として放出される．

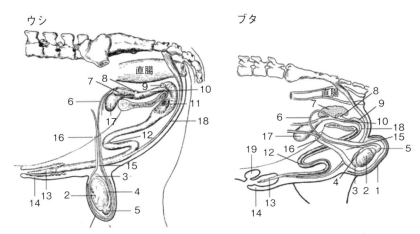

図 3.1 雄の生殖器（左：ウシ，右：ブタ．White, I.G. (1976) Veterinary Physiology (Phillis, J.W. ed.), pp.671-720, Wright-Scientechnica より改変）
1：陰嚢，2：精巣，3：精巣上体頭部，4：精巣上体体部，5：精巣上体尾部，6：精管，7：精嚢腺，8：前立腺，9：尿道球腺，10：尿道骨盤部，11：陰茎左脚，12：陰茎 S 字曲，13：陰茎遊離部，14：包皮，15：精索，16：鼠径輪，17：膀胱，18：陰茎後引筋，19：包皮腔．

3.2　陰嚢は精巣温を調節する機能を持つ

　陰嚢（scrotum）は，鼠径部の皮膚が部分的に突出しその中に精巣を収めたもので，陰茎の基部に近い股間にある．体壁を離れて下垂した陰嚢は精巣にとって不可欠な環境温度を低く保つことに役立つと考えられる．皮下には平滑筋や弾性線維が多く存在する．このような皮下組織は，環境温度の変化に応じて放熱を効果的に行って精巣温を調節するのに働くと考えられている．すなわち，環境温度が上昇すると陰嚢は下垂し表面が伸びて平滑となり，表面積を増して熱放散に都合のよい条件をつくる．一方，低温になると収縮して厚くなり，ヒダを増して表面積を減少させ，熱放散のしにくい環境となる．

3.3　精巣は精子形成とホルモン分泌の機能を持つ

　精巣は，精子の形成とアンドロジェン分泌という2つの重要な機能を持つ，一対の雄の生殖腺である．

3.3.1 精巣の配置

精巣は楕円形をしており，陰嚢内で左右別々に収められている．精巣の外側は，結合組織からなる厚い白膜（tunica albuginea）で覆われている．表面には長軸に沿って精巣上体が付着している．性成熟した多くの動物では，精巣は陰嚢内に収められて下垂し，腹腔とは精索（spermatic cord）で結ばれている．精索内部には，精巣に通じる血管，神経，精管が収容されている．

精巣は，ウシ，ヒツジなどの反芻動物では腹壁に対してほぼ垂直に配置し，ブタ，ウマ，イヌ，ネコなどではほぼ水平に配置されている（図 3.1）．ゾウ，クジラ，イルカなどのように精巣が腹腔に存在する動物もみられる．

3.3.2 精巣の構造

ウシの精巣内部は，白膜から派生した結合組織性の精巣中隔によって細かく区分され，精巣小葉をつくっている．各小葉内には，精細管と呼ばれる直径約 $200 \sim 300\ \mu m$ の上皮管が迂曲した状態で詰め込まれている．精細管の両端は直精細管としてまとめられ**精巣網**（rete testis）に開口している．精巣網は，**精巣輸出管**（efferent duct）を経て精巣上体へとつながる．

精細管の**精上皮**（seminiferous epithelium）には，精子形成の各段階にある造精細胞群（精祖細胞または精原細胞，精母細胞，精子細胞）が基底区画から管腔区画に向けて整列している．また，これらを支持する**セルトリ細胞**（Sertoli cell）が存在し，基底区画と管腔区画を分ける**密着結合**（tight junction）を構築している．一方，精細管の外壁には**基底膜**（basement membrane）を介して**筋様細胞**（myoid cell）がみられる．精細管と精細管の間質には，血管，リンパ管のほか，アンドロジェンを産生する**ライディッヒ細胞**（Leydig cell）が認められる．

なお，マウスやラットの精巣の間質はウシの精巣のそれとは異なり，管状のリンパ管を有さず，疎性結合組織もあまり発達していない（図 3.2）．

3.3.3 精巣の温度調節

精巣は，造精能を維持するために体温より低い温度に保たれている．精巣を収納している陰嚢は外気温の変化に応じて収縮・弛緩し，陰嚢の表面積を変えることにより適温を保っている．一方，精巣に入る血管系にも精巣の温度を低く保つための工夫がなされている．精巣に流入する動脈はコイル状をなして精

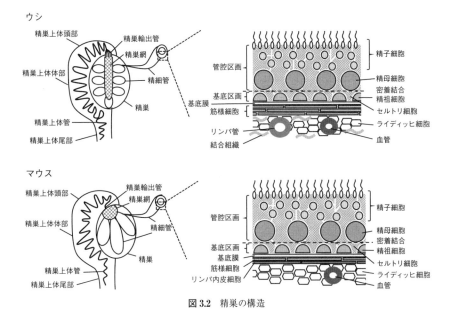

図 3.2　精巣の構造

索内を下降し，精巣から戻ってきた静脈がそれに巻きついて**蔓状静脈叢**（つるじょうじょうみゃくそう）（pampiniform plexus）を形成している．このような血管の特殊な走行により，動静脈間で熱交換が行われ，あらかじめ冷却された動脈血が精巣に流入する仕組みになっている．これにより，動脈血は深部体温より 4～5℃冷却されて精巣に流入する．

3.3.4　精巣下降

腹腔内で発生した精巣は，ある時期になると腹腔から鼠径輪（そけいりん）を通って陰嚢内に下降する．これを精巣下降という．下降の時期は動物種で異なり，ウシやヒツジなどの反芻類やブタでは胎子期の中～後期，マウスやラットなどのげっ歯類では出生後に下降する．時として，下降が起こらないことがあり，これを**停留精巣**（cryptorchidism）と呼ぶ．この場合，環境温度が通常の精巣温度よりも高くなり，精祖幹細胞の分化や減数分裂の進行に異常が生じ，不妊となる．なお，停留精巣には精祖細胞のみが残存しており，潜在的には精子をつくる能力を保持している．イヌやウマでは停留精巣の発生頻度が高く，ヒトの場合には，精巣癌のリスクが高くなるといわれている．

3.3.5 精巣の発育と老化

　家畜の精巣の発育を考える場合，**春機発動，性成熟，繁殖供用適期**を意識することが重要である．ウシを例にとって説明する．胎子および新生子期において，精巣は体の発育に伴って徐々に大きくなり，機能面でも変化する．精祖細胞が分化し，最初の精子形成の進行に伴って精巣は急速な発育を示す．

　ウシでは約5カ月齢より精巣の急速な発育が始まり，これと同時にセルトリ細胞やライディッヒ細胞などの体細胞および造精細胞の機能的成熟と増加が認められる．7カ月齢頃にはじめて精子が精細管内に出現し，9カ月頃に精細管腔に精子の遊離を認め，春機発動を迎える．約12カ月齢には精子の射精も認められるが，精巣のほか，精嚢腺，精巣上体，尿道球腺などの生殖器官の発育は春機発動期後も引き続きみられ，生後約14カ月齢でようやく機能的に十分に発達し生殖活動の可能な状態（性成熟）に達する．しかし，この月齢においても，体や生殖器が十分に発育していない雄ウシ個体が多く存在する．このため，精子の量や個体の発育状態などを考慮して繁殖供用の開始時期（繁殖供用開始適期）を決める．雄ウシの繁殖供用適期は一般的に15～20カ月齢とされる．

　なお，雄ウシでは加齢にかかわらず精巣の大きさはほとんど変化せず，15～20歳くらいまで精液を採取することが可能である．しかし，一部の老齢個体の精巣では精巣内部に線維化や石灰化が生じ，精子の量の減少によって精巣重量が低下し，需要があるにもかかわらず廃用せざるを得ない場合がある．このような精巣の加齢性の機能低下を予防することは難しく，動物生産のリスクとなっている．

3.4　精巣上体は精子を成熟させる機能を持つ

　精巣上体は精巣に密着し，蔓状静脈叢に近い端から，頭部，体部，尾部と呼ぶ．精巣上体の内部には，精巣輸出管と精巣上体管という管が存在する．精巣輸出管は，精巣の精巣網と精巣上体頭部をつなぐ管であり，ウシでは十数本，マウスでは数本の管からなる．一方，精巣上体管は，精巣上体の頭部から尾部まで1本の管が複雑に折れ曲がった状態で収められている．精巣上体管は，頭部から尾部に至るまで徐々に太くなる．一方，輸送される精子の密度は頭部では低く，尾部に近くなると高くなる．すなわち，精子は精巣上体管の中を移行中に濃縮される．精巣上体の発育は性ホルモンによって支配され，精巣の発育

に伴って大きくなる.

　精巣上体の機能は，精子を輸送しながら成熟させ，さらに射精に備えて貯留させることである．精巣上体を移行中の精子はまだほとんど運動能を有しておらず，精子の輸送には，外的な力として，精巣上体内で生じる組織液流と精巣上体管の蠕動運動が働く．精子が精巣上体内を移動するのに要する時間は，ウシでは約8〜11日，ブタでは9〜12日とされている．

3.5 精管は射出前の精子を貯蔵する機能を持つ

　精管は，精巣上体尾部と尿道を結ぶ導管である．精巣上体尾部から起こり，精索を通り，鼠径輪を通過し，尿道へとつながる．膀胱に近接した精管の末端部は，著しく太くなり，**精管膨大部**と呼ばれる．精管膨大部は，ウシでは大きいが，ブタではあまり発達していない．精管の機能としては，精子の貯蔵とされるが，1回に射出する精子数は精管内精子では不十分で，精巣上体尾部の精子も射出される．

3.6 副生殖腺は精液に含まれる物質を分泌する機能を持つ

　副生殖腺は射精に備えて分泌液を貯留する腺組織である．ウシ，ヒツジ，ブタ，ウマの副生殖腺は，主に精嚢腺，前立腺，尿道球腺からなる（図3.3）．副生殖腺液は，射精の際に精子の輸送を容易にするほか，精子生理に影響を及ぼす種々の物質が含まれている．

　精嚢腺は，膀胱の背部で，精管膨大部またはそれに相当する部分の外側にある一対の外分泌腺である．家畜ではよく発達している．内部は，主に腺胞，腺胞が複数集まってできた小葉，導管からなる．分泌液は，腺胞内に貯留され，導管を通り，射精管を経由して尿道に放出される．ブタでは，導管が直接尿管へ開口している．精嚢腺液は，白色または黄色を呈し，精漿の主な成分となる．フルクトースなど精子の代謝基質となる成分が含まれている．

　前立腺は，尿道の上端に位置する体部と，尿道骨盤部に分布する伝播部からなる外分泌腺である．特に伝播部は尿道を囲んで分布し，その外側を尿道筋が包んでいるため，表面からは観察できない．ヒツジには体部がなく，ウマは伝播部を持たない．前立腺液は，射精に際して尿道を洗浄する役割を持つといわ

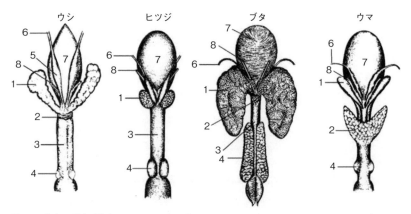

図 3.3 家畜の副生殖腺(Setchell, B.P. (1991) Reproduction in Domestic Animals, 4th ed.(Cupps, P.T. ed.), pp.221-249, Academic Press より改変)
1：精嚢腺, 2：前立腺体部, 3：前立腺伝播部, 4：尿道球腺, 5：精管膨大部, 6：精管, 7：膀胱, 8：尿管.

れている.

　尿道球腺は，カウパー腺とも呼ばれる一対の外分泌腺である．多くは卵円形をしているが，動物種によって発達の度合いが異なる．ブタでは特に発達して大きな円筒状で尿道を覆うように付着している．内部構造は，前立腺と類似しているが，緻密である．尿道球腺液は一般的に家畜では少量である．ウシが乗駕前に包皮から漏出する透明な液は主として尿道球腺液である．その役割は，前立腺液と同様に，射精に先立って尿道を洗浄することにあると考えられている．ブタでは精液の約20％を占め，膠様物の源となる粘稠物質を含んでいる．

3.7　陰茎は精子を雌性生殖器内に送り込む機能を持つ

　陰茎（penis）は，2つの主要な役割を担っている．1つ目は精子を雌の生殖器内に送り込むこと，2つ目は尿を排泄することである．膀胱からつながる尿道は，はじめの部分は専用の尿道となり，途中で生殖道としても共通に利用されるため，尿生殖道と呼ばれる．尿生殖道は陰茎の中を通り，その先端に開口して，精液と尿の排出路となる．陰茎は，勃起によって排尿器から交尾器としての機能を持つようになる．

　陰茎の中には，血管，陰茎海綿体，さらには尿道を囲む形で尿道海綿体が認

められる．海綿体は血液に富む組織で，網目状の静脈性血管腔と，それを支える膠原線維，弾性線維，平滑筋線維などの線維性支持組織から構成されている．陰茎の先端部では，尿道海綿体が膨大して亀頭を形成する．家畜の中では，ウマの亀頭が大きく明瞭であるのに対し，ウシやブタでは亀頭はあまり発達していない．ブタでは陰茎の先端がらせん状に湾曲している．

　勃起時には，ウシやブタの海綿体では間質の占める割合がウマやヒトに比べて高くなる．そのため，ウシやブタの陰茎は弾性線維型（fibroelastic-type penis）で，体内にＳ字曲を持ち，勃起時にはこの部分が伸長する．ウマの陰茎はヒトと同様に血管筋肉質型（vascular-type penis）で，勃起時には大量の血液が集まる．

おわりに

　本章では，ウシを中心に雄性生殖器官の構造と機能について概説した．これまで連綿と生命が続いてきた事実は，進化の過程で形作られてきた雄の生殖器官が精子生産や交尾を支えるシステムとして十分に機能してきたことを示している．一方，体内で生じる一連の巧妙な仕組みについては，依然として多くのことが解明されていない．たとえば，精巣はなぜ低温で維持される必要があるのだろうか？　陰嚢や精巣の位置や精管膨大部の有無にみられる種間差にはどのような意味があるのだろうか？　今後の研究によって，これらを含む多くの謎が解かれ，哺乳類の雄性生殖器官に秘められた巧妙な仕組みの理解が進展することが期待される．このためには，最新の研究技術，たとえば，器官内での細胞１個１個の遺伝子発現や相互作用を解析する技術や，体内の細胞の挙動を生きた状態で解析する技術なども有効になろう．これらの基礎研究が進むことで，将来的には地球内外の環境変動にも耐えうるレジリエントな動物生産の基盤作りに貢献することが期待される．

4

雌の生殖器官

はじめに

　哺乳類の大半を占める有胎盤類は，受精卵が子宮に着床後，胎盤を発達させ，子を十分に発育させてから産むのを特徴とするが，地球上の脊椎動物種の9%前後と少数派である．雌の生殖器官では，生殖機能に加え，各器官から分泌される性ホルモンを介して雌特有の第2次性徴や生体の恒常性（homeostasis）の維持なども担っている．現在，産業動物や伴侶動物の育種・改良および増産，ヒトの不妊治療，希少動物資源の保全などの現場では，雌の生殖器官に操作を加える経腟採卵，人工授精，受精卵移植などの人為的生殖技術が汎用されている．さらに近年，未分化細胞から生殖系列細胞への分化誘導，配偶子の体外作製，生殖器官の体外構築などを目指す高度培養技術の研究・開発が活発化している．個体生産率の向上や高度培養技術の進展には，動物種特有の生殖器官の形態・構造および生理機能を踏まえることが肝要となる．本章では，家畜や実験動物を例に，各生殖器官について概説する．

4.1　雌の生殖器官の概要

　雌哺乳類の主な生殖器官は，**生殖巣**（gonad，**生殖腺**や**性腺**ともいう），生殖道，外生殖器の3部位で構成される．生殖巣は一対の**卵巣**（ovary），生殖道は一対の**卵管**（oviduct），**子宮**（uterus），**腟**（vagina），外生殖器は**陰唇**（labia），**腟前庭**（vaginal vestibule），**陰核**（clitoris）などがあり，外生殖器以外は骨盤腔内に位置する（図4.1）．主な役割として，卵巣は**卵母細胞**（oocyte）の備蓄と発育，**排卵**（ovulation），**妊娠**（pregnancy）に必要な**黄体**（corpus luteum）の形成と維持，性ホルモンの分泌を担う．卵管は排卵後の卵子と**精子**（sperm）の**受精**（fertilization）の場，**受精卵**（embryo）の初期発生と子宮への輸送，子宮は精子の卵管への輸送，受精卵の**着床**（implantation）と**胎盤**（placenta）の形成・発達による**胎子**（fetus）の発育，**分娩**（delivery）を担う．生殖道でも

ある腔と外生殖器は雄との交接を担う．なお，本章では排卵前の卵を卵母細胞，排卵後の卵を卵子と表記する．各生殖器官の位置や形態・構造は，動物種の生殖様式により異なる部分はあるものの，各器官の組織構成はおおむね類似している．一方，同一個体でも**生殖周期**の各段階（**卵胞発育**，**発情**（estrus），**排卵**，**黄体形成**，**妊娠**，**分娩**，**泌乳**（lactation））や，加齢の進行により，形態・構造の変化に富む特徴を持つ．表 4.1 に主な雌動物種の生殖能と生殖器官の特徴を示す．

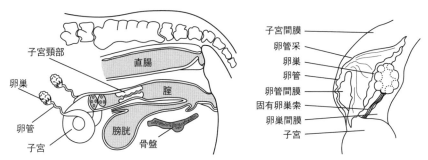

図 4.1 雌ウシ体内の生殖器官の位置（左）と卵巣周辺の拡大模式図（右）
左：卵巣，卵管および子宮は，子宮広間膜に連なる卵管間膜や卵巣間膜と，骨盤壁，肋骨，仙骨や他の臓器につながる靭帯や筋膜群などに支持され，吊られた状態で存在する．右：卵巣は，卵管と直接つながっておらず，卵管采に覆われるように，かつ卵管間膜と卵巣間膜に取り囲まれて存在する．

4.2　卵巣は，卵母細胞の備蓄，卵胞発育，性ホルモンの分泌を担う

4.2.1　生体における位置，形態・構造

楕円体の卵巣は，腹腔背中側にある左右一対の腎臓の下方付近に位置し，骨盤や肋骨につながる靭帯である卵巣堤索や子宮につながる靭帯である固有卵巣索に支持され吊られた状態で，卵巣間膜や卵管間膜に取り囲まれて存在する（図4.1）．

卵巣の被膜は，表面上皮である漿膜とその下層の結合組織である白膜で構成される．多くの動物種では，白膜の下層に**皮質**（cortex）領域があり，深部の**髄質**（medulla）領域を包み込む構造となっている．髄質には，卵巣間膜と卵巣の接着部である卵巣門から入り込む比較的太い動静脈，神経線維，リンパ管，平滑筋線維のほか，空隙を持つ疎水性結合組織が発達している．皮質には，性分化の過程で卵母細胞が広く分布し，卵巣門を除く皮質領域全体から排卵がみ

表 4.1 主な雌動物種の生殖能と生殖器官の特徴

	ウシ	ヒツジ	ブタ	ウマ	ラット	イヌ	ヒト
繁殖季節	周年	秋～冬に多い	周年	春～秋に多い	周年	周年 (1～2回)	周年
妊娠期間，日	280 (243～316)	150 (144～156)	114 (102～128)	338 (301～371)	22 (21～24)	63 (58～66)	280 (251～294)
排卵数*1，個	1	1～4	6～15	1	10～14	4～12	1
性周期，日，イヌは月	21 (18～24)	17 (14～19)	21 (18～24)	21 (19～22)	4～5	5～12カ月	25～38
卵胞期，日	3～6	1～4	4～6	3～8	2	—*2	10～14
発情期間，時間，イヌは日	18～19	24～36	48～72	96～192	12～24	5～20日	—*2
黄体期間，日	16～17	14～15	15～17	14～19	速やかに退行	60前後	12～15
卵巣重量，g，ラットは mg	10～20	40～80	3～7	40～80	10～30 mg	40～80	40～80
成熟卵胞の直径，mm，ラットは μm	12～20	5～10	8～12	25～70	250～400 μm	25～70	25～70
黄体の直径，mm	20～30	9～10	10～15	10～25	—*2	10～25	10～25
卵管の長さ，cm	20～25	15～19	15～30	20～30	2.5～3.2	4～7	10
子宮の型	両分子宮	両分子宮	双角子宮	双角子宮	重複子宮	双角子宮	単角子宮
子宮角の長さ，cm	35～40	10～20	120～150	15～25	3.5～5	10～14	なし
子宮体の粘膜表面	子宮小丘	子宮小丘	総ヒダ状	総ヒダ状	総ヒダ状	総ヒダ状	ヒダ状
子宮体の長さ，cm	2～4	1～2	5	15～25	なし	1.4～2	5
子宮頸管の長さ，cm	8～10	4～10	10	7～8	0.5	1.5～2	2
膣の長さ，cm	20～30	10～14	10～15	20～35	2.5～3	5～8	8

*1：産子数は，排卵数より若干減った数となる． *2：明確な情報がない．

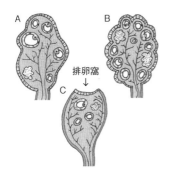

図 4.2 動物種による卵巣の形態の違い（左）と卵巣内卵胞の模式図（下）

左：AとBは外側が皮質，内側が髄質，ほとんどの動物種．Cは外側が髄質，内側が皮質．A：ウシやヒトなど単胎動物に多い．B：ブタやマウスなどの多胎動物に多い．C：ウマ（眞鍋昇（2011）新動物生殖学（佐藤英明編著），p.22，朝倉書店より改変）．下：左図Aの例．黒色の丸い細胞が卵母細胞，その周囲の小さな粒状の細胞は顆粒膜細胞．

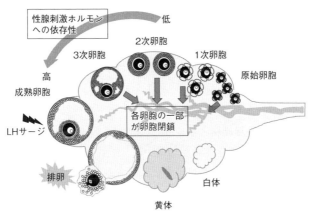

られる（第5章参照）．すべての卵母細胞は，1個の卵母細胞を複数〜多数の体細胞が取り囲む1個の**卵胞**（ovarian follicle）として存在する（図4.2）．このほか皮質には，排卵後に形成される黄体や黄体が退行した**白体**（corpus albicans）も存在し，間質組織として細い血管，神経線維，リンパ管が発達している．ウサギ，マウス，ラット，イヌ，ネコの皮質では，間質腺が存在する．間質腺は，**下垂体**（pituitary）が分泌する**性腺刺激ホルモン**（gonadotropin）に反応して，**性ステロイドホルモン**（sex steroid hormone）を産生する．一方，ウマの卵巣は，皮質と髄質の位置関係が逆転し，髄質領域が卵巣表面側にあり皮質領域を包み込む構造をとる．卵巣門と反対側の卵巣表面の一部に，**排卵窩**（ovulation fossa）といわれる髄質領域の断裂部分から排卵がなされる（図4.2）．

卵巣の形態・構造は，単胎性か多胎性か，自然排卵か交尾排卵か，周年繁殖か季節繁殖か，などの各動物種の生殖様式で違いがみられ，同一個体でも**性成熟**（sexual maturity）の程度，生殖周期の各段階での変化を繰り返しながら，

老化を伴って縮小化していく特徴を持つ．ウシなどでは，卵巣内の大型卵胞や開花期黄体などの局所的な形状やサイズの変化を，経腟プローブで超音波画像にとらえ，正確な性周期を判断し，タイミングよく**経腟採卵**（OPU：ovum pick up），**人工授精**（artificial insemination）や**受精卵移植**（embryo transfer）などを行い，**妊孕性**（fertility）を高める工夫がなされている．

4.2.2 原始卵胞：一生分の排卵卵子や発育卵胞の供給源

議論の余地はあるものの，健常な雌の生体では，胎子期から新生子期にかけて，**細胞分裂**（mitosis）により増殖したすべての**卵祖細胞**（oogonia，**卵原細胞**ともいう）が**減数分裂**（meiosis）に移行し，以降新たな卵母細胞は生産されないものと一般的に認識されている．卵祖細胞が減数分裂に移行し，**1 次卵母細胞**（primary oocyte）になる頃から卵胞形成が始まり，新生子期を過ぎた頃にはすべての卵母細胞は卵胞として存在する．最も未発達な卵胞を**原始卵胞**（primordial follicle）といい，卵母細胞は 1 層の扁平な複数の**前顆粒膜細胞**（pre-granulosa cell，**前顆粒層細胞**ともいう）に取り囲まれている．原始卵胞の形成は，ウシ，ヒツジ，ヒトなどでは胎子期中に，ウマ，ブタ，ネコ，ウサギ，げっ歯類などでは胎子期後期から新生子期にかけてみられる．出生前後の 1 個体あたりの原始卵胞数（一部に卵胞形成前の卵母細胞を含む）は，ウシやヒツジで1.4〜25 万個程度，ブタで 10 万個程度，マウスで 0.5〜1 万個程度，ヒトで 50〜100 万個程度などの報告があり，動物種や調査した子の発育時期などにより数に幅がある．

原始卵胞は，多くの哺乳類では卵巣被膜を縁どるように卵巣皮質内に存在し，発育卵胞として活性化するまで，生涯の生殖可能期間を休眠状態で維持される．卵巣内の原始卵胞が枯渇すると生殖能力を失うことから，備蓄される原始卵胞数はその個体の将来の生殖能力や生殖寿命を推し量る卵巣予備能の指標のひとつとされている．休眠状態の原始卵胞から発育卵胞への活性化は，PI3K/Aktシグナル経路の活性化を伴う卵母細胞内の転写因子 Foxo3 の不活化などが報告されている．しかし，原始卵胞の休眠維持の機構や一部の原始卵胞が選択的に活性化される制御機構など，いまだ不明な点が多い．

4.2.3 発育卵胞：ごく少数の成熟卵胞のみが排卵に至る

性成熟した個体では，性周期ごとに動物種特有数の原始卵胞が活性化し，発

育を開始する．発育初期の卵胞は下垂体が分泌する性腺刺激ホルモンに反応せず，発育の進行に伴い，性ホルモン依存性の発育に変化する（図4.2）．

卵胞の発育段階は，形態的に分類される．**1次卵胞**（primary follicle）は，原始卵胞の扁平な前顆粒膜細胞が立方体状に変化し，**顆粒膜細胞**（granulosa cell，**顆粒層細胞**ともいう）となり，1層のまま細胞数がやや増えた状態をいう．

2次卵胞（secondary follicle）は，1次卵胞の顆粒膜細胞が細胞分裂により複数層になった状態をいう．1次卵胞から2次卵胞への発育には，1次卵胞以降の卵母細胞から分泌される増殖因子GDF9（growth differentiation factor 9）などが，顆粒膜細胞の増殖や機能的変化を誘導することが知られている．卵母細胞を包む**透明帯**（zona pellucida）は，発育初期の卵胞には存在しない．1次卵胞以降に，主として卵母細胞または顆粒膜細胞から分泌される糖タンパク質やムコ多糖類などが，卵母細胞と顆粒膜細胞層との間隙に沈着し，徐々に形成されることが知られている．2次卵胞では，卵胞外側に発達した**基底膜**（basement membrane）が形成され，これに接する間質の線維芽様細胞が，卵胞を包むように**卵胞膜細胞**（theca cell）に分化し始める．卵胞膜は，顆粒膜細胞側に接する**内卵胞膜**（theca interna，**内莢膜**ともいう）層と，その外側の**外卵胞膜**（theca externa，**外莢膜**ともいう）層の2層からなる．内卵胞膜層は，毛細血管が豊富で，平滑筋と多くの内分泌系細胞が散在している．外卵胞膜層は，膠原線維が多量に走り，その中に扁平な線維芽様細胞が存在する．2次卵胞の内卵胞膜の細胞では**黄体形成ホルモン**（LH：luteinizing hormone）の受容体，顆粒膜細胞では**卵胞刺激ホルモン**（FSH：follicle stimulating hormone）の受容体の発現がみられるようになり，性腺刺激ホルモンへの感受性を獲得する．卵胞発育の進行に伴い，さらに性ホルモンへの依存性は高まっていく．

3次卵胞（tertiary follicle，**胞状卵胞** antral follicle ともいう）は，卵胞内で増殖した顆粒膜細胞の間隙に卵胞液が貯留することで複数の腔（**antrum**）が形成され，やがてそれらが1つに融合して卵胞腔を形成した状態をいう．卵胞腔の形成により，卵母細胞は一方の卵胞壁側に偏在するようになる．3次卵胞初期の卵胞液は，主に顆粒膜細胞から分泌された**エストロジェン**（estrogen）などを含む．このエストロジェンの産生機構には，**2細胞説**（two cell, two gonadotropin theory）が知られている（第6章参照）．卵胞発育の進行に伴い，卵胞内の細胞では，卵胞発育・成熟などの制御に関わる**インヒビン**（inhibin），**アクチビン**（activin），**フォリスタチン**（follistatin）などのペプチド性生理活性

物質も合成される．顆粒膜細胞や卵胞膜細胞などが増殖し，よりいっそう発育した3次卵胞では，卵胞内のエストロジェン産生能が急激に増加すると，血中エストロジェン濃度が上昇し，下垂体では排卵に向けた**LHサージ**（LH surge）が誘起される．これを機に，内卵胞膜への血管網が拡充し，血管透過性も亢進し，卵胞内に貯留する卵胞液が急激に増加する．特に卵胞腔が大きく発達した排卵間近の3次卵胞を**成熟卵胞**（graafian follicle，**グラーフ卵胞**ともいう）という．成熟卵胞は，やがて卵胞膜の一部が破裂して排卵に至る（第9章参照）．

　生体における原始卵胞から成熟卵胞への発育に要する期間は，ウシ，ヒツジ，ブタなどの家畜で数カ月程度，マウスで1カ月程度，ヒトで6カ月超などの報告があり，各動物種の性周期の複数回の時間を費やし，排卵に至る．原始卵胞の99％超は，排卵に至るまでに**卵胞閉鎖**（follicular atresia）により消失・吸収され，選択的に生き残ったわずかな**主席（優勢）卵胞**（dominant follicle）が，成熟卵胞として排卵に至る．この卵胞閉鎖にはアポトーシスが関与することが知られている．

4.2.4　卵胞発育と卵母細胞の成長：顆粒膜細胞とのコミュニケーションの発達

　卵胞発育の過程で，卵母細胞と顆粒膜細胞の間隙には，徐々に透明帯を貫通する突起がみられるようになる．顆粒膜細胞から卵母細胞へ伸長する微絨毛構造（TZP：transzonal projection）と，卵母細胞から顆粒膜細胞に伸長する微絨毛構造（Oo-Mvi：oocyte-derived microvilli）が報告されている．この細長いフィラメント先端部では，ギャップ結合を介して，イオン，ヌクレオチド，アミノ酸，代謝物などの低分子量の物質が輸送されるほか，卵母細胞からはGDF9などが輸送されていることが報告されている．3次卵胞の卵母細胞では，肥厚した透明帯のほか，**表層顆粒**（cortical granule，表層粒ともいう），**粗面小胞体**（rough endoplasmic reticulum），**ゴルジ体**（golgi apparatus），**ミトコンドリア**（mitochondria）などの細胞内小器官が充実してくる．なお哺乳類の卵母細胞は，精子や体細胞が持つ**中心体**（centrosome）を持っていないことが知られており，その意義などの詳細は不明である．透明帯を除く卵母細胞の直径は，原始卵胞ではウシ，ブタ，ヒトで30 μm程度，マウスで20 μm程度に対し，受精可能な卵子ではウシ，ブタ，ヒトで120〜130 μm程度，マウスで75 μm程度にまで成長する．卵母細胞の直径と，後述する卵母細胞の減数分裂進行能力には，正の相関があることが知られている．

4.2 節 *29*

4.2.5 卵胞発育と卵母細胞の減数分裂の進行：受精するまでに2回停止する

卵胞発育の過程で，1次卵母細胞は，**第1減数分裂前期**（prophase I）のディプロテン期（複糸期）で停止したまま，**卵核胞**（germinal vesicle）と呼ばれる大きな核を維持する．減数分裂の停止は，成熟卵胞が排卵に向けたLHサージの刺激を受けるまで維持され，動物種によっては何十年間にもわたる（第9章参照）．この減数分裂の停止には，顆粒膜細胞から1次卵母細胞内へのギャップ結合を介した環状グアノシン1リン酸（GMP：cyclic guanosine monophosphatec）などの減数分裂抑制因子の流入が関与している．LHサージ刺激後の卵母細胞周辺の形態変化に伴い，卵内抑制因子の濃度が急激に減少することで，**卵成熟促進因子**（MPF：maturation-promoting factor）が活性化し，**卵核胞崩壊**（germinal vesicle breakdown，核膜消失のこと）が始まり，1次卵母細胞の減数分裂が再開する．その後，**第1減数分裂中期**（metaphase I），後期，終期を経て，**第1極体**（first polar body）を放出し，**2次卵母細胞**（secondary oocyte）となる．さらに**第2減数分裂中期**（metaphase II）まで進行し，再び減数分裂を停止した状態で，受精を迎える．多くの動物種では，2次卵母細胞が受精可能な成熟卵であり，いわゆる排卵卵子を指す．1次卵母細胞から2次卵母細胞までの減数分裂の進行と，卵細胞質の成熟が同調的に進行する**卵成熟**（oocyte maturation）は，その後の受精能や受精卵の発生能に重要と考えられている．

4.2.6 黄体：妊娠の成立と維持に必要なプロジェステロンを産生する

排卵後の卵胞内腔では血液が貯留した**出血体**（corpus hemorrhagicum）を形成し，そこに内卵胞膜の細胞が血管新生を伴い侵入し，黄体が形成される（図4.2）．黄体細胞には，顆粒膜細胞に由来する大型の**顆粒膜黄体細胞**（granulosa lutein cell）と，内卵胞膜の内分泌細胞由来の小型の**卵胞膜黄体細胞**（theca lutein cell）の2種類が存在する．ウシ，イヌ，ネコ，ヒトなどはルテインを含んだ黄色の黄体だが，ブタ，ヤギ，ヒツジなどはルテインを含まない淡い肉色の黄体を呈する．黄体は，妊娠の成立と維持に必要な**プロジェステロン**（progesterone）を産生する．ただしプロジェステロンは，動物種によっては黄体以外でも産生されており，黄体の維持・退行の制御機構は種属間差が大きく，すべての哺乳類に共通な機構は見いだされていない（第14章参照）．プロジェステロンの役割には，子宮内膜の分泌機能を亢進させて受精卵の着床環境を整える

ほか，子宮の自発的運動の抑制，下垂体からの LH 分泌の抑制を介した卵胞成熟・排卵の抑制などが知られている．

　妊娠不成立の場合は，黄体は退縮し，フィブリンなどの線維成分や結合組織に置き換わり白体と呼ばれる瘢痕組織となる．一方，妊娠が成立した場合は，黄体はさらに発達して機能的な妊娠黄体となる．

4.3　生殖道は，受精，胎子の発育，分娩時の産道を担う

4.3.1　卵管：排卵卵子と精子の受精の場，受精卵の初期発生と子宮への輸送

　左右一対の卵管は，卵管間膜および腹膜につながる漿膜により支持され，吊られた状態で，卵巣と子宮の間に位置する．開放系の管状構造で，**漏斗部**（fallopian tube infundibulum），**膨大部**（oviduct ampulla），**峡部**（fallopian tube isthmus）の 3 部位に分けられる．排卵された卵子は，卵巣表面を覆う漏斗部の一部である卵管采にとらえられ，卵管に入り，膨大部で精子と受精する．下流の峡部は，受精前の精子を一時的に上皮細胞に結合させ，受精能の獲得や維持に関与し，受精卵が子宮に下降するまでの初期発生の場となる．卵管壁は内側から，粘膜，筋層，漿膜の 3 層からなり，卵管内腔はヒダ状に発達した粘膜で覆われている．卵管の最内層には，性周期に伴い増減する可動性の線毛細胞と微絨毛を有する分泌細胞の 2 種類の円柱上皮細胞が存在する．卵胞発育期には線毛細胞が優勢で，排卵後は分泌細胞が増加し，黄体の発達に反応して盛んな分泌像を呈する．粘膜下層には内層輪走筋層と外層縦走筋層があり，これらの収縮による蠕動運動によって，精子を膨大部へ，受精卵を子宮へ輸送する．

4.3.2　子宮：受精卵の着床，胎盤形成による胎子の発育，分娩

　子宮は，小腸の背中側にあり，子宮広間膜のほか骨盤壁につながる筋膜群，仙骨や他の臓器とつながる靭帯などに支持され，吊られた状態で存在する．卵管につながる**子宮角**（uterine horn），**子宮体**（uterine corpus），腟へと続く**子宮頸管**（cervix）の 3 部位に分けられ，動物種間で形態・構造が異なる（図 4.3）．主に子宮体と子宮頸管について説明する．子宮壁は内側から，粘膜層，筋層，漿膜層の 3 層からなる．粘膜層は**子宮内膜**（endometrium）といわれ，少数の線毛細胞と多くの微絨毛細胞からなる 1 層の上皮とその下の厚い粘膜固有層で構成されている．粘膜固有層には，上皮細胞層と筋層の間を縦断する**子宮腺**

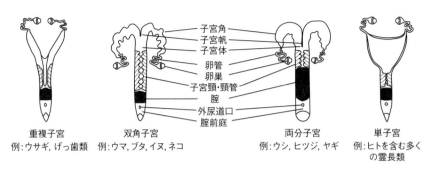

図 4.3 動物種による子宮の形態・構造の違い

重複子宮：左右２つの子宮角，子宮体，子宮口，子宮頸管を持つ．双角子宮：左右２つの子宮角が腟側で１つになり，１つの子宮体，子宮口，子宮頸部を持つ．両分子宮：双角子宮の変形と考えられ，子宮帆と呼ばれる中隔が子宮体から子宮頸管近くまで発達し，１つの子宮口となる．単子宮：子宮角に相当する構造がなく，卵管が子宮体の左右の上隅に直接つながっている．１つの子宮体，子宮口および子宮頸部を持つ．

(uterine gland) が多数あり，粘液を分泌する．また血管が豊富に発達し，多くの線維芽細胞やマクロファージ，肥満細胞，リンパ球，顆粒白血球，形質細胞などが散在する疎性結合組織となっている．反芻動物の子宮内膜表面には，子宮小丘と呼ばれる半球状の隆起がみられ，この部分に脈絡膜絨毛が侵入・結合して胎盤が形成される．子宮内膜は，生殖周期の推移に伴い変化する．形態・構造と機能の点から，以下のようにおおむね３つの時期に分類される．

(1) **月経**（menstruation）**期**：高等霊長類のほか一部のコウモリ科，ツパイ科，ハネジネズミ科，トガリネズミ科のみにみられる．霊長類の子宮内膜は２層に分けられ，受精が成立しない場合，内腔側に接する機能層は剥離する一方，筋層側に接する基底層は維持され，性周期ごとに新たな機能層を形成する．ウシ，ヒツジ，ブタ，マウス，ラットではみられない．
(2) **増殖期**：卵胞が発育する発情前期と，交配と排卵がみられる発情期．子宮内膜の細胞は増殖し，子宮腺数は増加して円柱状に長くなり，妊娠に備えて発達してくる．
(3) **分泌期**：受精，受精卵の発育期，着床期に相当し，卵巣の黄体が発達する発情後期から発情間期．子宮腺の発達と腺細胞からの粘液分泌が最盛となる．

特に分泌期は，子宮筋層から子宮内膜に向かってらせん状の動脈が多数発達し，着床期間近にはナチュラルキラー細胞，マクロファージ，制御性Ｔ細胞な

どの免疫担当細胞が増加する．免疫寛容と自然免疫防御が制御され，子宮での受精卵の受容能が高まっていく．子宮筋層は，子宮内膜側から輪走層，血管層，縦走層で構成され，筋層の平滑筋線維は，妊娠中に増加するとともに，非妊娠時の数十倍の長さと数倍の太さに成長する．イヌやネコなどの単発情動物の子宮組織の退縮と再生は，産業動物や実験動物などの多発情動物のそれより顕著である．子宮に下降した受精卵は，透明帯を脱出した胚盤胞期で着床した後，胎盤を形成する．この着床の様式ならびに胎盤の様式は，動物種により極めて多様であり，種特有性が高いことを示している（第13章参照）．

子宮と腟をつなぐ子宮頸管は，内腔は複雑な粘膜ヒダで覆われ，粘液によりほぼ閉鎖されている．内腔上皮は，杯細胞が多数散在する単層上皮で，ブタ，ヤギ，ヒツジ，ヒトには子宮頸部腺がある．下層の粘膜固有層は強靭な結合組織で，これを輪走筋層と縦走筋層が取り巻き，最外側を漿膜が覆う．子宮口を閉じて胎子を支え，外部からの病原体の侵入の防御，射出精子の取り込みなど，生殖周期により異なる役割を果たす．

なお，分娩過程の子宮や子宮頸管の詳細については，第14章を参照いただきたい．

4.3.3　腟，腟前庭：分娩時の産道と交接を担う

腟は子宮頸管から続き，その開口部が**腟前庭**（vestibule of vagina）にあたる．いずれも交接器官であり，出産時には胎子の産道となる．動物種により境界があいまいだが，ウマ，ヒツジ，ヒトでは腟前庭の腟弁が発達し，両者が区分される．腟は尿生殖洞から，腟前庭は尿生殖溝から別々に発生し，胎子期につながる．腟壁は，腺構造のない粘膜層，筋層，漿膜層の3層からなり，粘膜層の厚い重層扁平上皮，粘膜固有層は緻密な結合組織，筋層は輪走筋層と縦走筋層からなる．腟上皮は性周期に伴って変化し，食肉類とげっ歯類では発情期～発情後期に上皮が著しく角質化することから，腟粘液に含まれる腟上皮の形態と白血球の有無により，性周期を評価する腟垢検鏡法がある．ラット・マウスなどで利用されているが，反芻類では明瞭でない．

4.4　外生殖器は，雄との交接，外部からの感染防御を担う

外生殖器は**外陰部**（vulva）ともいい，陰唇，腟前庭，陰核などがある．2枚

の陰唇の両端は癒合し，その間にある陰裂を囲む．陰唇は皮膚と類似した重層扁平上皮で覆われ，脂腺と管状アポクリン腺が豊富に存在し，性フェロモン（pheromone）の分泌に関与する．腟前庭には，外尿道口が開口し，泌尿と雄との交接の両方の役割を担う．腟前庭の上皮は重層扁平上皮で，粘膜層には大前庭腺（またはバルトリン腺），小前庭腺，ガルトナー管などの腺が存在する．これらからの分泌物は，腟前庭の粘膜を湿潤に保つことで，交接や分娩を容易にする．陰核は，勃起性の陰核海綿体，陰核亀頭，陰核包皮からなる．海綿体は静脈性の空洞が分散する平滑筋束で中隔によって左右に分けられ，全体が白膜で覆われている．亀頭は薄い重層扁平上皮で覆われており，包皮は腟前庭粘膜からの連続である．海綿体の近傍には亀頭や包皮に向かって多数の陰核背神経が走行し，ファーテル・パチニ層板小体や，マイスネル小体に似た陰部神経小体が散在し，性感の形成に関わっている．このほか外生殖器は，その形態・構造上，細菌やウイルスなどの病原体の侵入を防ぐ役割も担っている．

おわりに

　雌の生殖機能は，視床下部–下垂体–性腺軸や，卵巣–子宮間の性ホルモンや生理活性物質によるコミュニケーションを介して体全体の制御により，動物種特有の生殖メカニズムが存在する点が興味深い．未解明な部分が多いが，解明のアプローチには，細胞を用いた *vitro* 系と対象動物生体の双方から解析し，結果を俯瞰することが大事であろう．

5

性　分　化

はじめに

　　哺乳類と鳥類の遺伝的な性は，精子と卵子の受精時に決まり，哺乳類では性染色体の構成が XY 雄，XX 雌となり，鳥類は，ZZ 雄，ZW 雌となる．本章では，遺伝的に性が決まった後の胎子の未分化生殖腺から精巣，卵巣への性分化，それに伴う副生殖腺の分化を取り扱う．生殖腺の性分化は，1 つの原基から精巣・卵巣という 2 つの異なる組織（one tissue, two fates）へと発生する唯一の器官であるため，長年，多くの発生学者から注目を浴びてきた．1990 年にヒト，マウスの Y 染色体上の性決定遺伝子 *SRY*（sex determining region on the Y）が同定され，この発見は，同時に *SOX*（<u>S</u>RY-related HMG b<u>ox</u>）ファミリーの発見へとつながった．1991 年に *Sry* 遺伝子を導入した XX マウスが雄性化したことから，*SRY* が Y 染色体上の唯一の性決定遺伝子であることが証明された．XY の未分化生殖腺で，SRY によりセルトリ細胞が誘導され，SOX9, DMRT1（doublesex and mab-3 related transcription factor-1）などの転写因子と FGF（fibroblast growth factor），TGF-β（transforming growth factor-β，抗ミューラー管ホルモン，アクチビンなど）シグナルなどの雄特異的なプログラムにより精巣を形成する．XX 雌の未分化生殖腺では，セルトリ細胞が誘導されず，代わりに FOXL2（forkhead box L2），RUNX1（runt related transcription factor 1）転写因子と WNT シグナルにより，卵巣が誘導される．本章は，生殖生物学の性的 2 型の基礎知識を習得し，家畜，ヒトでの生殖障害に深く関連する性分化異常症の理解に役立てて欲しい．

5.1　性分化の概要

　哺乳類の雌雄の未分化生殖腺は，性決定遺伝子 *SRY* の有無で，精巣，卵巣への分化を開始する．SRY は，未分化性腺から SOX9 陽性のセルトリ細胞を誘導し，生殖細胞を取り囲んだ精巣索（髄質索に相当し，将来，精細管）を構築する．分化したセルトリ細胞からは，雄性化のシグナル因子である FGF9, des-

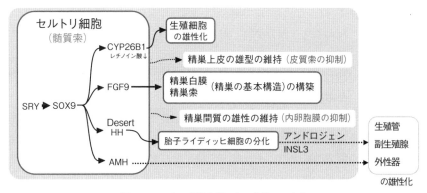

図 5.1 セルトリ細胞主導による精巣への分化
CYP26B1：cytochrome P450 26B1（レチノイン酸代謝酵素），HH：ヘッジホッグ，INSL3：insulin-like 3，AMH：抗ミューラー管ホルモン．

ertヘッジホッグ（HH），抗ミューラー管ホルモン（AMH：anti-Müllerian hormone）が分泌され，ライディッヒ細胞を含む精巣が誘導される（図5.1）．生殖細胞は，セルトリ細胞のレチノイン酸（RA）分解酵素 CYP26B1（cytochrome P450 26B1）により減数分裂の開始が抑制され，雄性化が誘導される．精巣では，G1期で生殖細胞は分裂を停止し，生後に増殖を再開し，精祖幹細胞による精子発生を行う．一方，SRY発現のない雌個体は，未分化性腺からFOXL2/RUNX1陽性の顆粒膜細胞（顆粒層細胞ともいう）が誘導され，RSPO1（R-spondin 1)-WNT4シグナルにより皮質領域が発達し，雌特異的な皮質索（卵巣索とも呼ばれ，将来の性周期卵胞に寄与）を構築する．卵巣の生殖細胞は，減数分裂を開始し，卵母細胞として生後に卵胞形成が起こる．髄質側の最初にリクルートされる第1次波（1st wave）の発育卵胞の多くは，閉鎖する運命となる一方で，皮質索の卵胞は，第2次波（2nd wave）以降の発育卵胞に寄与し，休眠する原始卵胞として長く維持される．生殖原基の背側に位置する中腎内に，**ウォルフ管**（中腎管とも呼ばれ，将来，精巣上体・精管）と**ミューラー管**（中腎傍管とも呼ばれ，将来，卵管・子宮）の両性の生殖管が発生する．セルトリ細胞から分泌されるAMHにより，ミューラー管が退縮し，ライディッヒ細胞からのテストステロンによりウォルフ管が発達する．一方，雌では，卵巣からはAMH，テストステロンは産生されず，中腎内のミューラー管が発達し，ウォルフ管が退行する．さらに，左右のミューラー管は，尾側の正中線に

おいて動物種で異なったレベルで融合し，家畜，ヒトにおいて解剖学的に異なった重複子宮，双角子宮，両分子宮，単子宮を形づくる（第4章参照）．

5.2　SRYはX染色体上のSOX3を起源としY染色体を進化させたと考えられる

脊椎動物の性染色体の起源は，一対の常染色体からの性決定遺伝子の偶然の獲得から始まる．性染色体は，性決定遺伝子を含む性差に有利な領域の組換えの抑制とその領域の拡大により，特定の種ごとに独自の進化を遂げ，一方の性染色体の退化と矮小化などの進化が一方向に進み，異型が生じたと考えられる．現在，哺乳類の性染色体は，カモノハシなどの単孔類の分岐後（約1億6千万年前）に新たに発生し，性決定遺伝子 SRY は，X染色体上の SOX3 を起源として独自に進化したと考えられる．なお，ヒトにおいて，見かけ上XX性染色体で精巣を持つ性転換患者の80%は，SRY 遺伝子の他の染色体への転位など SRY 遺伝子自体が原因とされる．また，ヒト46XY女性の性分化疾患例の20%が SRY 遺伝子の機能欠失によるものである．

哺乳類のY染色体は，X染色体よりはるかにゲノムサイズが小さく（半数体ゲノムである精子あたりのYとX染色体のDNA量は，ヒツジで約4.2%，ウシで約3.8%，ブタとマウスは約3.6%，ヒトが約2.8%の差異），ウシではX精子とY精子DNA量の違いで産み分け用の選別精液が普及している．Y染色体上の遺伝子は，ヒトでは78遺伝子程度である（X染色体上の遺伝子数は1098個）．このY染色体上に残された遺伝子の大半は，精巣に特異的な機能を持ち，そのために選択的にその欠失を免れたと考えられる．チンパンジーでは，Y染色体遺伝子数はさらに減少しており，一部のトゲネズミでは，Y染色体が完全に消失し（雌雄ともXO），SOX9 が性決定を担うようになり，SOX9 遺伝子をコードする第3染色体が性染色体と機能していると想定される．

哺乳類以外の脊椎動物の性決定においても，SOX遺伝子ファミリー以外にも，DMRT，TGF-β 関連の遺伝子から，種に特異的な性決定遺伝子へと変化し，新しい性染色体が生み出されている．魚類では，SOX3 以外に，DMY（DM-domain gene on the Y），AMHとその受容体AMHR2などのTGF-β シグナル，HSD17B1 のステロイド代謝遺伝子が性決定遺伝子として機能している．その中でも，メダカY染色体上の DMY の起源となる Dmrt1 は，ショウジョウバエ，線虫の性分化因子である doublesex 2 と mab-3 の相同遺伝子で，ニワトリ

Dmrt1 遺伝子は，Z 染色体上に位置する（ZZ 雄，ZW 雌）．さらに，アフリカツメガエルでは，メダカ性決定遺伝子 *DMY* と類似して，*Dmrt1* のパラログである *DM-W*（DM-domain gene, W-linked）が W 染色体に存在する．ニワトリ *Dmrt1*，アフリカツメガエル *DM-W* は，各々の種で性決定遺伝子の役割を担い，哺乳類の *DMRT1* も，*SOX9* とともに精巣の形成に重要な機能を担う．

5.3 体腔上皮由来の生殖隆起に生殖細胞が移動し，精巣／卵巣の原基を形成する

哺乳類の生殖原基を構成する体細胞は，中間中胚葉に由来し，中腎の腹側に左右一対の体腔上皮の隆起として発生する．この隆起の形成には，WT1（Wilms tumor 1），NR5A1（nuclear receptor subfamily 5A1, SF1 [steroidogenic factor-1] とも呼ばれる），EMX2（empty spiracles homolog 2），LHX9（LIM homeobox protein 9）などの転写因子が必須の役割を担う（図 5.2A～C．図 5.3 (A) も参照）．始原生殖細胞（PGCs：primordial germ cells）は，胚葉形成期に分化し，胚体外でしばらく待機した後，哺乳類では，後腸の形態形成運動により胚内へ運ばれ，腸間膜を経由して生殖隆起へ移動する．ニワトリでは，血流を介して生殖巣近くの間充織から，生殖隆起へと移入する．この時期の生殖隆起は，腹部に散在する始原生殖細胞が移入しやすいように，前後軸に沿って非常に細長く，生殖巣から分泌されるケモカイン CXCL12（CXC chemokine stromal cell-derived factor-12）と生殖細胞側の受容体 CXCR（C X C chemokine receptor type 4）の相互作用により生殖隆起内へと導かれる．生殖細胞が移入後，生殖隆起は肥厚し，生殖原基となる．この時期の生殖原基は，雌雄ともに未分化な状態で，主に体腔上皮由来の体細胞が占める．

雄では，その中の生殖細胞を支える支持細胞が，セルトリ細胞へと分化し，精巣索（髄質索のことで，将来，精細管）を形成する（図 5.2D）．精巣索の外の間質領域ではライディッヒ細胞（胎子型）が，精巣上皮の直下に白膜と血管網が発達する．胎子型のライディッヒ細胞は，生後，成体型のライディッヒ細胞と置き換わる．

一方，雌では，体腔上皮と連続した皮質索（卵巣索のことで，将来の第 2 次波以降の卵胞に寄与）が発達し，顆粒膜細胞となり，後に皮質内で休眠する原始卵胞（性周期の卵胞）となる．雄の精巣索／セルトリ細胞に相当する髄質索は，マウスでは生後すぐに活性化する第 1 次波の発育卵胞に寄与する（図 5.2E）．

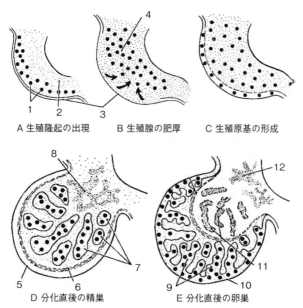

図 5.2 哺乳類の生殖腺発生の模式図（Turner, C.D.（1996）General Endocrinology（4th ed.），Saunders より一部改変）
1：始原生殖細胞，2：間充織，3：体腔上皮，4：生殖原基，5：精巣上皮，6：白膜，7：精巣索（髄質索），8：精巣網，9：皮質索（卵巣索．第2次波以降の卵胞に寄与），10：卵巣上皮，11：雌の髄質索（マウスでは第1次波卵胞に寄与．ウシ，ヤギでは生殖細胞は消失，退行），12：卵巣網．

ただし，ウシ，ヤギの胎子卵巣の髄質索では生殖細胞はすぐに消失し髄質索は退行し，ウマではこの卵巣の髄質領域が卵巣表面まで広がり皮質領域（排卵窩と呼ばれる）はごく一部に限定される．

5.4　セルトリ細胞が，精巣を構築し，卵巣分化を抑制する

哺乳類の性分化は，生殖腺体細胞の支持細胞が主役を担い，SRY の作用により，雄セルトリ細胞の最初の分化を開始する（図 5.3(A, B)）．一過性の SRY の発現の後，FGF9 と PGD2（prostaglandin D2）シグナルの正のフィードバックにより SOX9 発現が維持され，SOX9 によりセルトリ細胞が誘導される（図 5.3(B)）．FGF9 は，SOX9 発現開始後すぐに精巣から分泌され，精巣上皮の直下

に血管を含む白膜を誘導し，生殖細胞の雄性化に関与する．AMH，レチノイン酸分解酵素 CYP26A1 は，FGF9 とともに，精巣特異的なシグナル環境をつくる．また，マウス胎子精巣から実験的にセルトリ細胞を除去すると，精巣上皮から皮質素（卵巣索）の顆粒膜細胞と，間質領域から内卵胞膜様細胞が誘導され，精巣から卵巣への性転換が起こる（図 5.1 参照）．つまり，初期の胎子精巣内において，顆粒膜細胞，内卵胞膜細胞の各々の卵巣前駆細胞が維持されており，この分化をセルトリ細胞が抑制している．

5.5 ステロイド産生細胞（ライディッヒ細胞，内卵胞膜細胞）はセルトリ細胞，顆粒膜細胞からのヘッジホッグ（HH）シグナルにより誘導される

精巣索の間を埋める精巣間質領域において，胎生期の間，ステロイド産生細胞は前駆細胞のプールとして維持されている．精巣への分化後は，セルトリ細

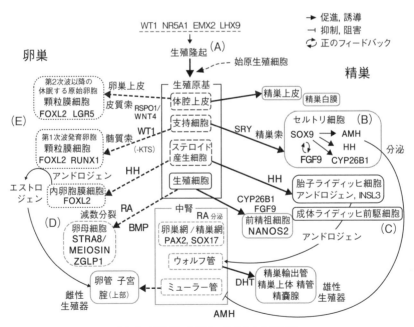

図 5.3　哺乳類の生殖系の性分化の分子機序
AMH：抗ミューラー管ホルモン，BMP：骨形成因子，DHT：ジヒドロテストステロン，HH：ヘッジホッグ，RA：レチノイン酸，SRD5a2：5α-リダクターゼ．

胞から分泌されるシグナル因子である**ヘッジホッグ**により，胎子型ライディッヒ細胞の分化が誘導される（図 5.3(C)）．生後までステロイド前駆細胞プールは維持され，そこから成体型ライディッヒ細胞が誘導され，胎子型ライディッヒ細胞と置き換わる．

　人為的にヘッジホッグを分泌できなくした精巣は，セルトリ細胞，精細管は正常に誘導されるが，胎子型ライディッヒ細胞の分化が抑制される．逆に，性分化期にヘッジホッグシグナルを活性化させた卵巣は，異所的に胎子ライディッヒ細胞が出現し，これにより精巣上体・精管，雄型の性器が発達する．

　雌のライディッヒ細胞と相同である内卵胞膜細胞は，生後の 2 次卵胞ステージから卵胞周囲に誘導され，アンドロジェン産生を開始する．生後の卵巣においても，卵胞内の顆粒膜細胞から Desert/Indian ヘッジホッグが分泌され，これにより内卵胞膜細胞が誘導される．つまり，雌雄ともに，ライディッヒ細胞と内卵胞膜細胞の誘導には，支持細胞（セルトリ細胞，顆粒膜細胞）からのヘッジホッグシグナルが中心的な役割を担う．なお，非常に興味深いことに，実験的にセルトリ細胞を除去した胎子精巣において，胎子型ライディッヒ細胞とは異なった，ステロイド前駆細胞プールから FOXL2 陽性の内卵胞膜様細胞が出現する．生後になって，この前駆細胞プールから成体型ライディッヒ細胞が誘導されることから，この内卵胞膜様細胞は，成体型ライディッヒ細胞と相同の前駆細胞由来だと想定される．

5.6　雌雄の生殖細胞の減数分裂の開始タイミングは，レチノイン酸シグナルにより制御される

　生殖細胞の胎生期の性分化は，生殖細胞自身の XY/XX の核型に関係なく，体細胞の性に依存して性分化が進行する．生殖腺の性分化後，雄の生殖細胞は，前精祖細胞である G0 期で分裂停止し，生後に増殖を再開し，精祖幹細胞が誘導され，性成熟後，恒常的に精祖幹細胞から分化型の精祖細胞が供給され，減数分裂を経て精子へと分化する．一方，卵巣内の生殖細胞は，レチノイン酸と BMP（骨形成因子）シグナルにより減数分裂が誘導され，ほぼすべての卵祖細胞は，生後までに卵母細胞へと分化する．性分化期において，レチノイン酸合成酵素は中腎組織で雌雄ともに高く，雌では中腎で産生されたレチノイン酸により，STRA8（stimulated by retinoic acid gene 8），MEIOSIN（meiosis initiator）の発現により減数分裂が開始する（図 5.3(D)）．BMP シグナルにより，

ZGLP1（zinc finger, GATA-like protein 1）転写因子が誘導され，STRA8 とともに，卵母細胞への分化を誘導する．中腎で産生されたレチノイン酸は，胎子精巣にも作用するが，セルトリ細胞の CYP26B1 により精細管内のレチノイン酸が分解され，減数分裂は抑制される．一方，FGF9 は，生殖細胞に対して減数分裂の抑制に作用し，Nodal, アクチビンなどの SMAD2 を介した TGF-β 経路とともに，NANOS2（nanos homologue 2）の発現と雄型の精祖細胞の分化を誘導する．

5.7 卵巣への分化は，WT1（-KTS），FOXL2，RUNX1 転写因子と RSPO1-WNT4 シグナルにより誘導される

未分化生殖腺からの卵巣の分化は受動的であり，SRY/SOX9 発現がなくセルトリ細胞が分化しなければ，セルトリ細胞からのパラクライン因子が分泌されず，卵巣組織が誘導される．卵巣形成には，WT1（-KTS［リジン，スレオニン，セリンの 3 アミノ酸を含むアイソフォーム]），FOXL2，RUNX1 転写因子と RSOP1/WNT4/β-カテニンシグナル，出生後はエストロジェン受容体（ESR1, 2）が卵巣の維持に必須となる（図 5.3(E)）．

5.8 AMH と性ホルモンによる生殖管の性分化

雄胎子においては，精巣のセルトリ細胞から分泌される AMH によりミューラー管は退行し（遺残として精巣垂，前立腺小室），ウォルフ管は，ライディッヒ細胞由来のテストステロンにより，精巣上体，精管，精嚢腺へと発達する．また，テストステロンは，尿生殖洞での 5α-リダクターゼの働きにより，ジヒドロテストステロンへと変換され，前立腺などの雄型の副生殖腺の形成や外生殖器を雄型へと誘導する．また，雄では，ライディッヒ細胞から分泌されるインスリン様因子 INSL3 により精巣下降する（図 5.4）．

雌では，卵巣に分化し，AMH, テストステロンが分泌されず，ミューラー管が発達し，ウォルフ管は退行する（雌では，ウォルフ管の頭端は，卵巣上体，卵巣傍体，尾側端は，ガルトナー管として遺残）．エストロジェンの作用により，ミューラー管は卵管，子宮，腟前部へと発達する．さらに，エストロジェンは外性器にも作用し，陰核などの雌型の外陰部へと誘導する．

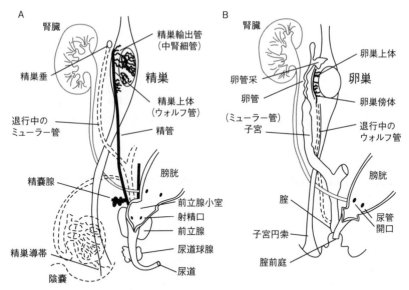

図5.4 雄(A)と雌(B)の生殖管,副生殖腺の性分化(Carlson, B.M. 著,白井敏雄監訳 (1990) パッテン発生学,西村書店より改変)
図Aの左下の点線図は精巣下降後の精巣の位置を示す.

5.9 ウシのフリーマーチンなどの家畜の性分化疾患

　家畜の性分化異常は繁殖障害を引き起こす場合がある.ウシの**フリーマーチン**(異性双子の雌ウシ)とブタでのSRYの転座などによる半陰陽(精巣,卵巣の両方,あるいは卵精巣)が知られている.ウシでの異性双子の妊娠の場合,隣接する尿膜絨毛膜の血管吻合が生じ,胎子発育過程において雌雄胎子の血流が交わる.この環境では,双子の雄側から精巣由来の雄性化因子(特にテストステロン,AMH)が雌胎子の内外性器に影響を及ぼす.フリーマーチンでは,ミューラー管の発達阻害とウォルフ管の様々なレベルでの残存を示し,性腺は精巣に似た構造を形成する症例もみられる.また,偽半陰陽(性腺と反対の内・外性器を持つ個体)は,家畜全般において雄で高頻度に認められ,腟弁,ミューラー管の様々な異常が認められる.胎子精巣由来のAMHとテストステロンの分泌異常やこれらのホルモン標的細胞の非感受性に起因するものと考えられる.

おわりに

　哺乳類の性決定のメカニズムは，主にマウス，ヒトを中心に解明されてきた．家畜においても，妊娠期間の差異と各遺伝子の発現パターンに多少の種差は存在するが，基本的には上記と同じ遺伝子群の枠組みで機能していると考えられる．今後，家畜の iPS/ES 細胞から生殖細胞/性腺体細胞を誘導できるようになると，精巣，卵巣原基まで再構築できる技術で，家畜の性分化を再現できる実験系が可能となり，おそらくより詳しく動物種間での性分化のメカニズムの共通性と多様性が明らかになるであろう．生殖原基の再現技術は，研究だけでなく，さらに精子，卵子を作出する産業に応用されていくと思われる．各種動物の性決定を支配する経路の解明は，性決定システムの理解だけでなく，繁殖障害の原因解明の基礎知識となる．

6

生殖とホルモン

はじめに

　　生物は，自然環境や社会的環境に適応して生殖機能を調節し，次世代を産み育む．たとえば，繁殖期を特定の季節に限定する季節繁殖動物では，餌が豊富な春に分娩し，子を育てることができるように生殖機能が亢進する．つまり，妊娠期間が約5カ月のヒツジやヤギでは秋に，妊娠期間が約1年のウマでは春に交尾行動を起こし，妊娠する．このような生殖機能の調節は，日照時間の変化という環境情報が脳に伝達され，情報が統合された後，脳から分泌される性腺刺激ホルモン放出ホルモンの増減を介して行われている．本章では，脳や性腺から分泌される種々のホルモンが生殖機能をコントロールする機序について，視床下部-下垂体-性腺軸を中心に概述する．

6.1　　生殖とホルモンの概要

　卵巣や精巣での配偶子形成から，受精，妊娠，分娩，泌乳といった哺乳動物における一連の生殖活動は，光周期（季節），気温，栄養状態，ストレスなどに大きく影響を受けることが知られている．これら生体内外からの情報は，神経性あるいは液性の経路により脳に伝達され，脳で統合された後，視床下部-下垂体-性腺軸と呼ばれる調節系へと出力される．視床下部，下垂体，性腺はホルモンを介して互いに作用を及ぼしながら生殖機能を制御する．つまり，卵巣や精巣における配偶子形成やホルモン分泌は，下垂体前葉から分泌される**性腺刺激ホルモン**（LH，FSH）により制御されており，この性腺刺激ホルモン分泌は，視床下部から分泌される**性腺刺激ホルモン放出ホルモン**（GnRH）により制御されている．さらに，この制御系にはフィードバック機構が存在し，卵巣や精巣から分泌されるホルモンが視床下部や下垂体にも作用して，GnRH，LH，FSH分泌を制御する．GnRH分泌にはパルス状分泌とサージ状分泌の2つのタイプがあり，パルス状分泌の分泌頻度の変化が下垂体からのLHおよびFSH分泌を

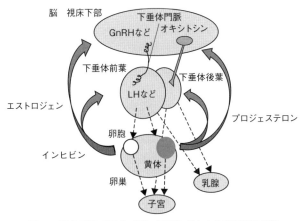

図 6.1 視床下部-下垂体-性腺(卵巣)軸による生殖機能調節

介して卵胞発育および精子形成に影響を及ぼす．さらに，卵巣からのエストロジェンおよび精巣からのアンドロジェンが視床下部弓状核のキスペプチンニューロンを介して GnRH のパルス状分泌を調節している（**負のフィードバック作用**）．雌では，卵胞成熟に伴いエストロジェン分泌が増加すると，高濃度のエストロジェンが視床下部前腹側周囲核のキスペプチンニューロンを介してGnRH のサージ状分泌を引き起こし（**正のフィードバック作用**），続いて下垂体から LH の一過性放出（LH サージ）が起こり，排卵が誘導され，卵巣の顆粒膜細胞と内卵胞膜細胞は黄体細胞へ分化する．黄体細胞からはプロジェステロンが分泌され，受精卵の着床および妊娠の維持に寄与する（6.6〜6.10 節参照，図 6.1）．胎盤で産生される絨毛性性腺刺激ホルモンは黄体のプロジェステロン分泌を刺激することで妊娠維持に関与しており，胎盤性ラクトジェンは妊娠母体での糖・脂質代謝を介して胎子発育に寄与している（6.11 節参照）．視床下部には下垂体後葉に軸索を投射するオキシトシン産生ニューロンが存在する．オキシトシンは下垂体後葉で循環血中に放出され，子宮内膜からのプロスタグランジン $F_{2\alpha}$ 分泌を促進し，黄体退行を引き起こすことで分娩の開始に関与する．分娩時には胎子の娩出に伴う子宮頸管や腟への刺激により急激に増加するオキシトシンにより子宮平滑筋が収縮する．また，吸乳刺激によってもオキシトシン分泌が刺激され，乳腺胞および乳管の筋上皮細胞を収縮させて乳汁排出反射を引き起こす（6.12 節参照）．GnRH 以外にプロラクチン放出因子/プロラクチン放出抑制因子，ドーパミンなども視床下部から下垂体門脈に放出され，下垂

体前葉におけるプロラクチン分泌を調節する．妊娠末期から泌乳期には血中プロラクチン濃度が上昇し，プロラクチンは乳腺上皮細胞に作用して乳汁の産生と分泌を刺激する（6.13節参照）．

6.2 生 殖 周 期

　哺乳類の生殖活動は，性成熟により開始し性腺の老化により終了するライフサイクル，雌が妊娠したときにみられる周期，つまり卵胞発育・排卵・発情・交尾・妊娠・分娩・泌乳を繰り返す**完全生殖周期**，雌が妊娠しない場合にみられる周期で，完全生殖周期のうち妊娠・分娩・哺乳が欠けて再び卵胞発育に戻る**不完全生殖周期**，特定の季節にのみ繁殖活動を行う動物にみられる**季節繁殖周期**など，いくつかの周期現象としてとらえることができる．そして，このような生殖活動に関わる複数の周期活動は，脳，下垂体，性腺などから分泌されるホルモンにより複雑かつ協調的に制御されている．

　不完全生殖周期は，性周期，発情周期，排卵周期，月経周期とも呼ばれる．性周期は，下垂体から周期的に分泌される**黄体形成ホルモン**（LH：luteinizing hormone）と**卵胞刺激ホルモン**（FSH：follicle-stimulating hormone）および卵巣で生成されるエストラジオール17βやプロジェステロンによって制御されている．卵巣で卵胞が発達すると，成熟卵胞からエストラジオール17βの産生が急激に増加し，血中のエストラジオール17β濃度が上昇する．このエストラジオール17β濃度の上昇により下垂体から大量のLHが分泌されると（**LHサージ**），成熟卵胞から卵母細胞が排卵される．排卵した後の卵胞は黄体へと変化し，プロジェステロンを盛んに分泌する．妊娠が成立しなければ，黄体は退行して血中プロジェステロン濃度が急速に低下し，次の卵胞が発達する（図6.2）．このように黄体の退行に伴って卵胞が発育し，排卵に至る卵胞期と，排卵後に黄体が形成され退行するまでの黄体期を交互に繰り返す場合を**完全性周期**と呼び，ウシ，ブタ，ウマ，ヒツジ，ヒトなどにみられるタイプである．一方，ラット，マウス，ハムスターなどでは，交尾刺激がない場合には機能的な黄体が形成されないため明瞭な黄体期が存在せず，排卵後に次の卵胞期が始まる**不完全性周期**と呼ばれる性周期を示す．また，ウサギやネコは，卵巣で常に排卵可能な成熟卵胞が存在し，交尾刺激によって排卵が起こるため，性周期といえる周期は存在しない．

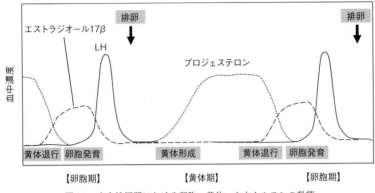

図 6.2 完全性周期における卵胞,黄体,血中ホルモンの動態

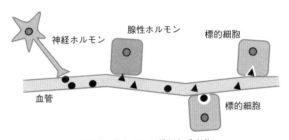

図 6.3 ホルモンの種類と受容体

6.3 ホルモンとは

　一般的に,ホルモンは下垂体,甲状腺,副甲状腺,膵臓,副腎,精巣,卵巣などの内分泌細胞から分泌される.また,視床下部では,神経細胞がホルモンを分泌する.通常の内分泌細胞から分泌されるホルモンを**腺性ホルモン**,神経細胞から分泌されるホルモンを**神経ホルモン**と呼ぶ.これらのホルモンは血流を介して標的細胞まで到達すると,各々の細胞に存在する受容体と鍵が鍵穴に入るように特異的に結合し,作用を発揮する(図6.3).一方,組織間隙中に分泌され,近接する細胞に作用するホルモン(傍分泌,パラクライン)や,ホルモンを分泌した細胞自身に作用するホルモン(自己分泌,オートクライン)もある.

6.4 ホルモンのフィードバック機構

　ホルモンの分泌調節機構として，**フィードバック機構**が存在する．フィードバック機構とは，上位の内分泌器官が分泌したホルモンが下位の内分泌器官に作用してホルモンを分泌させ，その下位の内分泌器官が分泌したホルモンが逆に上位のホルモン分泌を調節する仕組みのことである．フィードバック機構には，負のフィードバック機構と正のフィードバック機構が存在する．負のフィードバックでは，下位の内分泌器官から放出されたホルモンが上位の内分泌器官からのホルモン分泌を抑制することで，内分泌系の過剰反応が起こることを防いでいる．一方，正のフィードバックは受容した刺激をさらに増強してより大きな反応を引き起こすものであり，その一例として，排卵時にみられる卵胞から分泌されるエストロジェンが引き起こす GnRH の一過性放出などがある．

6.5 視床下部で産生されるホルモンは，主に 2 つの経路を通じて下垂体からのホルモン分泌を調節する

　性腺をはじめとした生殖機能は，下垂体から分泌されるホルモン，さらに上位の視床下部から分泌されるホルモンによって制御される．脳の視床下部にはホルモンを分泌するニューロンが存在し，これらのニューロンは主に 2 つの経路を通じて下垂体からのホルモン分泌を調節する．ひとつは，視床下部正中隆起部に投射した軸索末端から分泌されたホルモンが下垂体門脈に放出され，下垂体前葉に運ばれる経路である．**性腺刺激ホルモン放出ホルモン**（GnRH：gonadotropin-releasing hormone），**甲状腺刺激ホルモン放出ホルモン**（TRH：thyrotropin-releasing hormone），**プロラクチン放出因子/プロラクチン放出抑制因子**（PRF/PIF：prolactin-releasing factor/prolactin-inhibiting factor），ドーパミンなどは，この経路を介して下垂体前葉からのホルモン分泌を制御している．もうひとつの経路は，視床下部に局在するニューロンが下垂体後葉に投射し，ホルモンが軸索の末端から下垂体後葉の血管系に直接分泌される経路である．視床下部のオキシトシン産生ニューロンなどは，この経路を介して直接，ホルモンを循環血中に放出している．

6.6 視床下部に存在する GnRH ニューロンは下垂体前葉での LH, FSH 合成および分泌を調節する

多くの哺乳類（霊長類を除く）において，GnRH ニューロンの細胞体は視床下部の前方領域に多く存在し，正中隆起に軸索を投射する．下垂体門脈を介して下垂体前葉に運ばれた GnRH は，性腺刺激ホルモン産生細胞（ゴナドトロフ）上にある GnRH 受容体と結合して，黄体形成ホルモン（LH）と卵胞刺激ホルモン（FSH）の分泌を刺激する．

GnRH 分泌にはパルス状分泌と，排卵時に一過性に大量放出されるサージ状分泌の 2 つのタイプがある．パルス状分泌の発生頻度は，自然環境や社会環境，動物の生理状態や栄養状態など生体内外の様々な因子によって大きく変動し，この分泌頻度の変化が下垂体からの LH と FSH 分泌を介して繁殖機能に影響を及ぼすことが知られている．また，GnRH のパルス状分泌は卵巣からのエストロジェンおよび精巣からのアンドロジェンの負のフィードバック作用により調節される．一方，サージ状分泌は卵巣から分泌される高濃度エストロジェンの正のフィードバック作用によるものである．GnRH ニューロンにはエストロジェン受容体およびアンドロジェン受容体が発現しておらず，これらのフィードバック作用は視床下部に存在するキスペプチンニューロンが仲介していると考えられている．キスペプチンニューロンは，主に視床下部の弓状核および前腹側周囲核（内側視索前野）と呼ばれる神経核に局在する．これらのキスペプチンニューロンにはエストロジェン受容体が発現しており，視床下部弓状核ではエストロジェンによってキスペプチン遺伝子（kiss1）発現が抑制される一方，前腹側周囲核ではエストロジェンによって kiss1 発現が促進される．また，キスペプチンニューロンは GnRH ニューロンの極めて近傍に投射しており，GnRH ニューロンにはキスペプチン受容体が発現していることから，視床下部弓状核のキスペプチンニューロンがエストロジェンによる負のフィードバック作用，前腹側周囲核のキスペプチンニューロンがエストロジェンによる正のフィードバック作用を仲介するニューロン群であると考えられている（図 6.4）.

6.7 下垂体前葉で合成，分泌される LH は GnRH の分泌動態に対応してパルス状またはサージ状に分泌される

GnRH の分泌動態に対応して，下垂体前葉の性腺刺激ホルモン産生細胞（ゴナドトロフ）から LH がパルス状またはサージ状に分泌される．LH 受容体は 7

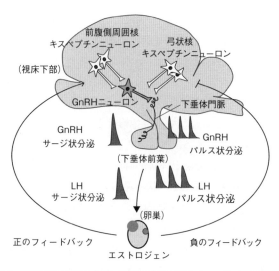

図6.4 視床下部-下垂体-性腺（卵巣）軸におけるフィードバック調節機構

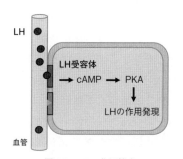

図6.5 LHの作用機序

回膜貫通型のGタンパク質共役型受容体であり，雌では主に卵巣の内卵胞膜細胞と顆粒膜細胞および黄体細胞に存在し，卵胞の顆粒膜細胞におけるLH受容体はFSHにより増加する．雄では精巣の間質細胞，ライディッヒ細胞に存在する．LHがLH受容体に結合すると，アデニル酸シクラーゼが活性化され，セカンドメッセンジャーである環状AMP（cAMP）の生成によりプロテインキナーゼA（PKA）の活性化が引き起こされる（図6.5）．雌では，LHは内卵胞膜細胞でアンドロジェン生成を刺激するとともに，FSHと協同して卵巣における卵胞の成熟とエストロジェンの合成，分泌を刺激する．卵胞成熟に伴いエストロジェン分泌が増加すると，正のフィードバック作用によりLHの一過性放出

（LH サージ）が起こり，排卵が誘起されて顆粒膜細胞は黄体細胞へと分化する．さらに，LH は黄体細胞に作用し，プロジェステロンの合成と分泌を促進する．雄では，精巣におけるライディッヒ細胞の分化と増殖を刺激してアンドロジェンの合成と分泌を促す．

6.8 下垂体前葉で合成，分泌される FSH は GnRH だけでなく，卵巣や精巣から分泌されるインヒビン等によっても調節される

FSH は LH と同様に，下垂体前葉細胞のゴナドトロフで合成，分泌される糖タンパク質ホルモンである．一方，その合成と分泌は GnRH だけでなく，卵巣や精巣から分泌されるインヒビン，アクチビン，フォリスタチンによっても調節される．インヒビンは FSH の合成と分泌を抑制し，アクチビンは逆に FSH の合成と分泌を促進する．フォリスタチンはアクチビンの作用を抑制することで，FSH の合成と分泌を抑制している．FSH 受容体は 7 回膜貫通型の G タンパク質共役型受容体であり，雌では卵巣の顆粒膜細胞に存在し，雄では精巣のセルトリ細胞に存在する．FSH が FSH 受容体に結合すると，アデニル酸シクラーゼが活性化されて cAMP 濃度が上昇し，プロテインキナーゼ A の活性化が引き起こされる．雌では，FSH は顆粒膜細胞の分裂と増殖を促し，卵胞腔の形成と卵胞液の貯留を刺激して卵胞を発育させる．また，FSH は顆粒膜細胞におけるアロマターゼ活性を活性化し，LH 刺激によって内卵胞膜細胞で合成されたアンドロジェンからエストロジェンが生成される．雄では，アンドロジェン結合タンパク質の産生を刺激することで，ライディッヒ細胞で産生されるアンドロジェンがセルトリ細胞に運搬され，精子形成が促進される．

6.9 性腺で合成，分泌されるステロイドホルモンは配偶子形成や副生殖器の発育，機能維持に関与するだけでなく，視床下部・下垂体からのホルモン分泌を制御する役割も担っている

卵巣および精巣では，ステロイドホルモンとペプチドホルモンを分泌している．ステロイドホルモンは脂溶性の物質であるため，細胞膜を通過しやすく，細胞内あるいは核内の受容体と結合する．卵巣からは主にプロジェステロン，エストラジオール 17β，精巣からはテストステロンが分泌されており，これらはコレステロールを原料にして生成される（図 6.6）．

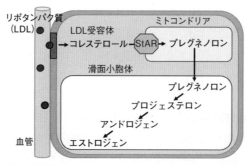

図 6.6 性腺におけるステロイドホルモンの基本的合成経路

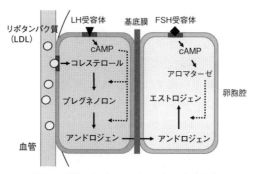

図 6.7 卵胞におけるエストロジェン合成経路

6.9.1 エストロジェン

卵巣でのエストロジェン合成は図 6.6 で示した経路で行われる．LH が卵巣の内卵胞膜細胞の細胞膜に存在する LH 受容体に結合すると StAR (steroidogenic acute regulatory protein) が生成される．生成された StAR はコレステロールの細胞質からミトコンドリア内膜への移行を促し，プレグネノロンが生成される．ミトコンドリア内膜で生成されたプレグネノロンは細胞質へ移行し，滑面小胞体に局在するいくつかの酵素によりアンドロジェンが生成される．合成されたアンドロジェンは基底膜を通過して，顆粒膜細胞へ供給される．FSH は顆粒膜細胞におけるアロマターゼ活性を亢進し，アンドロジェンからエストロジェンが生成される（図 6.7）．顆粒膜細胞で生成されたエストロジェンは，卵管や子宮内膜の発育や機能を亢進する．また，子宮頸管の弛緩や頸管粘液の分泌亢進，腟の粘膜肥厚，外陰部の充血などを引き起こすとともに，脳に作用し

て発情行動も誘発する．エストロジェンは視床下部弓状核に局在するキスペプチンニューロンを介して視床下部からの GnRH, 下垂体からの LH および FSH 分泌に抑制的に作用する（負のフィードバック作用）．しかし，卵胞発育に伴いエストロジェンの血中濃度がある一定の値（閾値）を超えると，視床下部前腹側周囲核に局在するキスペプチンニューロンを介して視床下部から下垂体門脈血中に GnRH が一過性に放出され（GnRH サージ），この GnRH サージに反応して下垂体から多量の LH が一過性に分泌（LH サージ）される（正のフィードバック作用）．LH サージは排卵を誘導し，顆粒膜細胞および内卵胞膜細胞から黄体が形成される（6.6 節参照）．

6.9.2　プロジェステロン

　黄体細胞の細胞膜上に存在する LH 受容体に LH が結合すると，図 6.6 で示した経路によりプロジェステロンが生成される．排卵後数日間は，視床下部から活発なパルス状 GnRH 分泌が起こり，下垂体からの LH 分泌を介して黄体の発育およびプロジェステロン分泌が刺激される．プロジェステロンは子宮内膜を肥厚させ，子宮腺の発達を促して子宮乳の分泌を惹起する．また，子宮の自発性収縮を抑制するとともに，オキシトシンに対する感受性を低下させて子宮運動を低下させる．さらに，卵管の子宮端部位における括約筋を弛緩させることで，胚が卵管から子宮内に進入しやすくする．これらの作用はいずれも妊娠の成立にとって重要である．黄体期や妊娠期など黄体機能が亢進して血中プロジェステロン濃度が高く維持されている場合には，視床下部からの GnRH パルス状分泌およびサージ状分泌が抑制される（プロジェステロンの負のフィードバック作用）．その結果，下垂体からの LH および FSH 分泌が低下し，卵胞の成熟と排卵が抑制される．

6.9.3　テストステロン

　精巣のライディッヒ細胞からは，ステロイドホルモンとして主にテストステロンが分泌されている．テストステロンは FSH とともに 1 次精母細胞の減数分裂とその後の精子完成過程を促進するだけでなく，セルトリ細胞で生成されたアンドロジェン結合タンパク質と結合して，精子形成や精子の成熟に関わる．また，精嚢腺や前立腺などの標的細胞の多くに存在する 5α-リダクターゼによって，テストステロンは 5α-ジヒドロテストステロン（5α-DHT：5α-dihy-

dorotestosterone）に変換される．5α-DHT はテストステロンの 2～3 倍の生物
活性を有しており，副生殖器官の発育や機能を亢進する．テストステロンは，
視床下部からの GnRH 分泌および下垂体からの LH，FSH 分泌に抑制的に作用
（負のフィードバック作用）し，精巣からのテストステロンの分泌を調節してい
る．

6.10 卵巣や精巣では抗ミューラー管ホルモン，インヒビン，アクチビン，リラキシンなどのペプチドホルモンも分泌される

　抗ミューラー管ホルモン（AMH：anti-Müllerian hormone）は，雄ではセルトリ細胞から分泌され，将来，卵管や子宮，腟の上部へと分化するミューラー管を退行させる．雌では，抗ミューラー管ホルモンは発育卵胞が分泌していることから，その血中濃度は卵巣に残存する発育卵胞を反映する指標として臨床現場で応用されている．

　インヒビンは，FSH 刺激によって卵巣では顆粒膜細胞から分泌され，精巣では主にセルトリ細胞から分泌される．卵巣では，アンドロジェン，エストロジェン，インスリン様成長因子（IGF-1：insulin-like growth factor-1），トランスフォーミング増殖因子 β（TGF-β：transforming growth factor-β）が顆粒膜細胞でのインヒビン分泌を刺激し，精巣ではテストステロンがインヒビン分泌を増加させる．インヒビンは下垂体前葉のゴナドトロフに作用し，FSH の合成，分泌を抑制する．

　アクチビンは，卵巣，精巣，胎盤など多くの組織で産生され，顆粒膜細胞での FSH 受容体の発現や FSH によるアロマターゼ活性を上昇させる．しかし，インヒビンがアクチビン受容体と拮抗的に作用するため，アクチビンの作用はインヒビンにより抑制される．また，アクチビンは末梢血中ではフォリスタチンと結合しているため，下垂体に作用して FSH 分泌を刺激することはない．

　リラキシンは黄体で産生，分泌されるホルモンで，ラットやブタでは，妊娠中期からリラキシンの血中濃度が上昇し，分娩数日前になるとリラキシンサージと呼ばれる血中リラキシン濃度の一過性上昇がみられる．リラキシンは，分娩時には恥骨縫合を広げ，子宮頸管を軟化させて胎子の娩出を容易にする機能を有することが知られている．

6.11 子宮と胎盤のホルモンは黄体機能への作用を介して妊娠維持に関わる

多くの動物では,妊娠が成立しない場合には,子宮内膜から分泌されるプロスタグランジン $F_{2\alpha}$($PGF_{2\alpha}$)によって黄体の退行が誘導される.子宮内膜からの $PGF_{2\alpha}$ の合成と分泌は,黄体から分泌されるオキシトシンが子宮内膜に発現したオキシトシン受容体に作用することで促進される.産生された $PGF_{2\alpha}$ は子宮静脈に流入し,**対向流機構**により卵巣動脈内に拡散し,全身循環を経由せず卵巣に到達して黄体を退行させる(図 6.8).妊娠末期には,子宮や胎盤から分泌される $PGF_{2\alpha}$ およびプロスタグランジン E_2(PGE_2)が子宮平滑筋細胞間のギャップ結合の形成を促進し,子宮平滑筋の収縮を促す.

胎盤は妊娠に伴って形成される臓器で,胎子への栄養供給やガス交換,代謝産物の排泄などを通じて,妊娠の維持と胎子発育に寄与する.ヒトやウマの胎盤絨毛膜の栄養膜細胞では絨毛性性腺刺激ホルモンが発現し,黄体のプロジェステロン産生を促進することで妊娠維持の役割を担っている.**ヒト絨毛性性腺刺激ホルモン**(hCG:human chorionic gonadotropin)は,ヒト胎盤の合胞体性栄養膜細胞から分泌される糖タンパク質ホルモンで,LH 受容体に結合して作用する.hCG は受精後 10 日前後から妊婦の血中および尿中に検出され,ヒトの妊娠診断のターゲット分子となっている.また,ウマ絨毛性性腺刺激ホルモン(eCG:equine chorionic gonadotropin)は,ウマの絨毛膜栄養膜細胞が子宮内膜間質に浸潤して形成される子宮内膜杯から分泌される糖タンパク質ホル

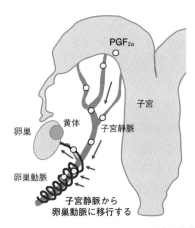

図 6.8　子宮-卵巣における $PGF_{2\alpha}$ の対向流機構

モンで，そのアミノ酸配列は LH と同じである．そのため，eCG はウマの LH 受容体に結合して妊娠初期に存在する卵胞を排卵または閉鎖黄体化させて副黄体を形成し，卵巣からのプロジェステロン分泌を亢進させることで妊娠維持に寄与する．

胎盤性ラクトジェン（PL：placental lactogen）は，胎盤を形成する栄養膜細胞（ヒトでは合胞体性栄養膜細胞，反芻動物では栄養膜2核細胞，げっ歯類では栄養膜巨細胞）で産生される糖鎖を持たない単純ポリペプチドホルモンであるが，ウマ，ブタ，イヌには存在しない．PL はプロラクチン受容体に結合してプロラクチン様の生物活性を示す．また，PL は母体のインスリン抵抗性を誘導し，母体のグルコース利用性を低下させて遊離脂肪酸をより多く利用させることで，胎子に十分な量のグルコースが供給される．このほかに，げっ歯類では妊娠中期に分泌され，黄体機能を刺激する作用を示すことが知られている．

6.12 下垂体後葉で分泌されるオキシトシンは子宮平滑筋を収縮させて分娩の開始に関与するだけでなく，乳汁排出反射を引き起こす

オキシトシンは主に，視床下部の視索上核および室傍核に存在する大細胞性ニューロンで産生される．このオキシトシン産生ニューロンは下垂体後葉に軸索を投射しており，オキシトシンは下垂体後葉で循環血中に放出される．オキシトシン受容体は，雌では子宮および乳腺に多量に発現しており，エストロジェンが促進的に，プロジェステロンが抑制的に作用する．雄では精巣，精巣上体，前立腺，輸精管にオキシトシン受容体が存在する．オキシトシンは，子宮内膜のオキシトシン受容体を介して $PGF_{2\alpha}$ の合成と分泌を促し，黄体退行およびプロジェステロン分泌の減少を引き起こすことで分娩の開始に関与する．分娩時には，子宮平滑筋および子宮頸管部のオキシトシン受容体が増加し，オキシトシンに対する感受性が増大する．さらに，胎子の娩出に伴う子宮頸管や膣への神経刺激が，視床下部の視索上核や室傍核に伝達されることにより，オキシトシン分泌の急激な増加が引き起こされ（ファーガソン反射），パルス状に分泌されるオキシトシンが子宮平滑筋を収縮させる．分娩時の作用は，子宮で局所的に産生されるオキシトシンも関与すると考えられている．その後，吸乳刺激も視床下部の視索上核や室傍核に伝達され，下垂体後葉から血中に放出されたオキシトシンが乳腺胞および乳管壁の筋上皮細胞を収縮させて乳汁排出反射を引き起こす．

6.13 下垂体前葉で合成，分泌されるプロラクチンは乳腺上皮細胞における乳汁の産生と分泌を刺激する

　プロラクチン（PRL：prolactin）は下垂体前葉細胞の PRL 産生細胞（ラクトトロフ）で合成，分泌される単純タンパク質ホルモンであり，その分泌は視床下部から放出されるドーパミン，γ-aminobutyric acid（GABA），TRH などにより調節されている．PRL 受容体は黄体や乳腺上皮細胞のほか，様々な組織や細胞に広く分布している．PRL は乳腺において，インスリンや副腎皮質ホルモンなどと協同してカゼイン遺伝子の転写活性を上げるなど，乳腺上皮細胞における乳汁の産生と分泌を刺激する．また，黄体では LH 受容体の数を維持し，プロジェステロンの合成と分泌を刺激することにより妊娠維持などに関与する．精巣においては，PRL はアンドロジェンと協同してライディッヒ細胞や前立腺，精囊腺などの発育を刺激する．

おわりに

　生殖機能を制御する神経内分泌機構を解明し，理解することは，学術的に重要なだけではない．これらの知見を応用し，人為的にホルモン分泌を制御することにより，畜産分野ではすでに発情周期の同期化や過排卵処理などの技術が開発されている．その一方で，いまだ原因不明の繁殖障害も数多く発生しており，今後，ますます中枢制御メカニズムの解明が進むことで，様々な繁殖障害の根本治療が実現することが期待される．

7

生 殖 と 免 疫

はじめに

　　免疫機構は異物から自身を守る生体防御系として重要な役割を担っているが，生殖・妊娠機構においても重要である．妊娠は父と母の両遺伝子を持つ「半異物」である胎子を許容する現象であり，免疫バランスが適切に制御される必要がある．妊娠が成立するために様々な種類の免疫担当細胞の作用やサイトカイン産生が厳密に制御され，このバランスが崩れることで妊娠不成立や生殖系の疾患につながる．生殖における免疫機構の重要性を理解することで，妊娠がうまくいかない原因をとらえることもできるようになり，免疫機構を活用した妊娠率の向上への技術開発にも貢献できると考えられる．

7.1　生殖機能に関わる免疫機構の概要

　動物の体は，病原体等の侵入に対して生体防御（免疫応答）を示し，感染を防ぐ等の機能を持つ．免疫応答には，初期免疫応答として応答時間の早い自然免疫と，数日かけて誘導される獲得免疫（適応免疫）がある．

　自然免疫においては，上皮細胞等の物理的バリアや分泌される粘液等で異物の侵入を防ぐことに加え，マクロファージやナチュラルキラー（NK）細胞等の免疫担当細胞が病原体等の認識や排除の役割を担う．これらの細胞には病原体センサーである **Toll 様受容体**（TLR：Toll-like receptor）が発現しており，病原体に発現している分子構造（病原体関連分子パターン，PAMPs：pathogen-associated molecular patterns）を認識して免疫応答を引き起こす．

　獲得免疫においては，細菌やウイルス等の病原体の情報は樹状細胞やマクロファージという抗原提示細胞で処理され，主要組織適合遺伝子複合体を介してT 細胞に伝達される．獲得免疫には細胞性免疫と体液性免疫がある．細胞性免疫では主にキラー T 細胞やマクロファージが標的細胞を直接攻撃する．体液性免疫では抗原を認識した B 細胞が抗体産生細胞（形質細胞）に分化し，抗原特

異的な抗体を大量に産生することで異物を排除する．獲得免疫は自然免疫と違って異物に対して特異的に働き，同じ異物の侵入が繰り返されると強化され，T細胞やB細胞の一部は記憶細胞として保持される免疫記憶の特徴がある（図7.1）．

T細胞やB細胞の分化や活性化，マクロファージの活性化等の免疫応答は様々なサイトカインの作用によって調節される．また，免疫担当細胞の組織への移動（遊走）や浸潤（集積）にはケモカインと呼ばれる化学走化性因子が関わっている．ケモカインやサイトカインの働きによって血管内皮細胞の細胞接着分子等が発現し，免疫担当細胞の表面にあるインテグリン等と結合することで免疫担当細胞は血管外へ遊出し，組織内で免疫応答を発揮する．

多くの免疫担当細胞は造血幹細胞に由来して骨髄で分化するが，T細胞は前駆細胞が胸腺に移動して分化する．T細胞の中では，ヘルパーT（Th）細胞，細胞障害性T細胞，制御性T細胞（Treg:regulatory T cell）等の機能が異なる細胞が存在する．細胞機能から分類した細胞集団をサブセットと呼ぶが，Th細胞のサブセットとしてTh1，Th2，Th17，Treg細胞等に分類され，それぞれが妊娠機構に関与する．Th1細胞は抗原提示により活性化され，NK細胞や細胞障害性T細胞を活性化し，細胞性免疫の司令塔としての役割を持つ．Th2細胞はインターロイキン(IL)-4等を産生して抗体産生に関与し，細胞性および体液性免疫応答の活性化と維持に働く．Th17細胞はIL-17の分泌を特徴として宿主防御において重要であるが，過剰な活性化は自己免疫疾患の発生につながる．Treg細胞は転写因子Foxp3で誘導され，IL-10やトランスフォーミン

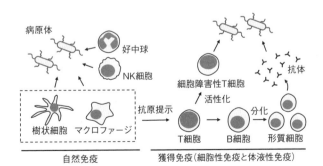

図7.1　自然免疫と獲得免疫の概念
自然免疫ではマクロファージ・好中球・NK細胞・樹上細胞が病原体等の認識や排除の役割を担う．

グ増殖因子 β（transforming growth factor β：TGF-β）等を産生して免疫学的寛容に重要な役割を果たしている（7.5 節参照）.

7.2 免疫システムで卵巣機能が制御される

7.2.1 卵胞発育と排卵が免疫システムで調節されている

　卵胞の発育には様々なサイトカインが関与する. 初期の卵胞発育には bone morphogenetic protein 15（BMP15）や growth differentiation factor 9（GDF9）等の局所因子による制御が重要である. 2 次卵胞以降になると卵胞周囲に血管網を形成する必要があり, **血管内皮成長因子**（VEGF：vascular endothelial growth factor）や **IL-8** 等の血管新生因子が重要である. マクロファージ等の免疫担当細胞も VEGF 等を産生する. マウスを用いた実験でマクロファージを除去すると胞状卵胞数が減少するため, マクロファージが卵胞発育に関与することが考えられる. マクロファージは炎症型の M1 型と抗炎症型の M2 型に分けられ, M1 マクロファージが卵胞形成に関与する可能性が考えられている.

　LH サージで排卵が引き起こされ, 排卵前の卵胞では**炎症性サイトカイン**（tumor necrosis factor α：TNFα や IL-8 等）が上昇するため排卵は一種の炎症反応ととらえられる. 排卵前の卵胞周囲には, 卵胞構成細胞から分泌される IL-8 等の作用で好中球が集積する. 集積した好中球がプロテアーゼと呼ばれるタンパク質分解酵素等を産生することで卵胞壁を崩壊させることが想定されている. 実際に, 抗体投与により好中球を減少させると排卵数が低下することから, 好中球が排卵の誘導に関与することがわかる. マクロファージも卵胞壁の崩壊を誘導して排卵に関与すると考えられる. マウスを用いた検討において樹状細胞を除去すると, 卵丘の膨化が抑制されることで排卵が障害され, 卵丘膨化は LH 刺激以外にも樹状細胞によって調節されることも判明している.

7.2.2 黄体の形成と退行が免疫システムで調節されている

　排卵が起きた後の部位では, 妊娠に必須の**プロジェステロン**（P4）合成のために活発な血管新生を伴いながら黄体が形成される. マクロファージ, 好中球, 樹状細胞や T 細胞等の様々な免疫担当細胞が黄体に存在している（図 7.2）.

　マクロファージは黄体機能と構造の両面を調節する. マクロファージを含む末梢血単核球は黄体細胞からの P4 産生を増強できる. マウスを用いた検討に

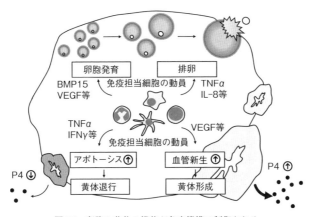

図 7.2 卵胞や黄体の機能が免疫機構で制御される
卵巣内に免疫担当細胞が動員され,サイトカインを分泌することで卵胞発育,排卵,黄体形成,黄体退行が制御されている.

おいてマクロファージを除去すると,黄体内の血管網が崩壊し赤血球の過剰な蓄積が起きる構造異常が発生する.着床前にマクロファージを除去すると,黄体内の血管構造が崩壊することで P4 濃度が低下し,胚の着床が起きなくなる.

樹状細胞も形成期の黄体内に数多く集積し,黄体細胞からの P4 産生を促進すると考えられている.マウスの実験モデルでは,着床前の段階で樹状細胞を除去すると P4 濃度が減少することに加えて胚の着床が完全に阻害されることから,樹状細胞が黄体機能と続く妊娠の成立において極めて重要な役割を果たしている.また,多形核白血球である好中球も黄体に存在している.黄体形成期の早い段階で分泌された IL-8 が好中球を黄体内に集積させ,血管新生や P4 産生を活性化する役割がある可能性が考えられる.

妊娠が成立しない場合, P4 産生と分泌を低下させながら黄体は構造的にも萎縮していく.黄体退行の開始により TNFα, IL-1β, **インターフェロン・ガンマ** (IFNγ), IL-8, C-C motif chemokine ligand 2 (CCL2) 等の炎症性サイトカインやケモカインが増加する.これらのサイトカインとケモカインの作用でマクロファージ,T 細胞や好中球等の免疫担当細胞が黄体内に集積し,機能的黄体退行 (P4 分泌の低下) および構造的黄体退行 (黄体細胞死の誘導) の両方が引き起こされる.免疫担当細胞等から分泌された TNFα や IFNγ はアポトーシス等のプログラム細胞死を引き起こし,構造的黄体退行が進んでいく.

7.3 精巣の免疫システムは特殊である

　生体の免疫システムとして，幼少期までに自己と非自己を認識し，自己への免疫寛容と非自己を排除する機能が確立される．一方，精子は減数分裂を経てつくられる半数体の細胞であり，成長後から形成されて精細管内に出現するため，精母細胞とはまったく別の強い自己免疫原性を持つ新たな抗原を有する細胞となり，免疫担当細胞によって非自己と認識されてしまう．そのため，精子は精細管内のセルトリ細胞の密着結合で構成される**血液-精巣関門**（blood-testis barrier）で免疫システムによる排除から守られている（免疫特権）．また，セルトリ細胞や精細管の周囲の細胞，精巣内マクロファージ等から分泌される抗炎症性サイトカイン等によっても，精子に対する免疫抑制が働いている．精巣の外傷や虚血等の何らかの原因で血液-精巣関門が破綻してしまうと，浸潤してきた免疫担当細胞により漏出した精子等に対して免疫応答を誘導し，精子形成障害が起きる自己免疫精巣炎になることがある．

7.4 精液は母体の免疫システムを調節する

　雌の生殖器（腟，頸管，子宮）では，上皮細胞が外来抗原の侵入を防ぐバリア機能としての役割を持つ．これらの上皮細胞はムチン等を成分とする粘液を分泌し，ディフェンシン等の抗菌ペプチドも産生している．病原体の侵入に対応するため，上皮細胞にも多種類の TLR が発現している．

　精液が腟内または子宮内に射出または人工授精された後，精子の大部分は排除され，非常に少数の精子だけが受精の場である卵管までたどり着くことができる．子宮内に精子が入ると好中球を中心とした免疫担当細胞が急激に増加し，炎症応答によって精子は貪食される．免疫担当細胞だけではなく，子宮自体にも精子機能の低下や精子を死滅させる作用があることも発見されている．

　精液は精子以外の分泌液が混合したもので，精液から精子を除いた分画を精漿という．精漿は，精子の輸送媒体，精子の逆流の防止，精子の受精能獲得の抑制等の様々な役割を持ち，妊娠のための免疫寛容にも重要であることがわかってきた．マウスを用いた検討では，精嚢腺を除去することで精漿成分を減少させた雄を雌と交配させると妊娠率が低下する．精漿内には免疫調節物質としてプロスタグランジン E_2 や TGF-β 等の多様な液性因子が含まれており，精

漿成分は樹状細胞を免疫寛容へと調節することや，父親抗原特異的な Treg 細胞の分化誘導に関与する．また，精漿中のタンパク質成分が精子の細胞膜を保護することで，子宮からの排除に対する抑制効果を示す．

7.5 胚と母体が免疫システムを利用してコミュニケーションを行う

初期胚は着床に向けて子宮と綿密なクロストークを行っており，多くの液性因子が関与する．胚から分泌される特徴的な妊娠認識物質により母体は胚を認識できる．妊娠認識物質には種差があり，ヒトでは**ヒト絨毛性性腺刺激ホルモン**（hCG：human chorionic gonadotropin），ウシ等の反芻動物ではインターフェロン・タウ（IFNτ），ブタではエストラジオール 17β が該当する（第 14 章参照）．胚-子宮のクロストークには免疫担当細胞も関与しており，ウシ等では子宮内に末梢血単核球を投与することで受胎性が向上することもわかっている．

白血病抑制因子（LIF：leukemia inhibitor factor）は胚-子宮クロストークにおける代表的なサイトカインである．マウスでは LIF を欠損した場合に着床障害が引き起こされ，胚の LIF 受容体を欠損しても異常が発生するため胚-子宮の相互作用が重要である．IL-6 は多彩な機能を有するサイトカインであり，胚自身で分泌された IL-6 がオートクラインとして胚発育に関与することや，子宮内膜に作用して炎症・免疫機能を調節する．上皮成長因子（EGF：epidermal growth factor）も胚および子宮の両者で発現が認められる．ウシの場合では，原因不明の不受胎を繰り返すリピートブリーダーという状態において子宮内の EGF 発現パターンが乱れ，ホルモン処置や精漿を処理することによって EGF 発現パターンおよびその後の繁殖性を改善できることがわかっている．他にも，TGF-β，ステロイドホルモン，miRNA 等の多くの要因で胚と子宮が免疫システムを利用して相互作用を行う（図 7.3）．

胚から分泌された妊娠認識物質は，子宮の環境を調整することに加え，母体全体へ情報を送ることで，免疫担当細胞や対象臓器を妊娠準備に向かわせる可能性が考えられている．妊娠においては T 細胞のバランスが重要であり，妊娠が成立するためには Th2 優位なサイトカイン環境が子宮内および全身的に重要であることは古くから知られている．実際に，hCG や IFNτ は免疫担当細胞からの Th1/Th2 サイトカインや炎症/抗炎症性サイトカインのバランスを調節

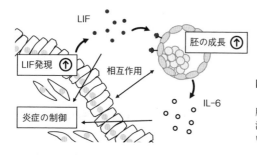

図7.3 免疫システムを利用した胚と母体のコミュニケーション
胚と母体は様々なサイトカイン等を分泌することでコミュニケーションを行い，互いの機能や成長を制御している．

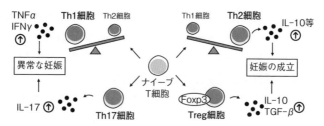

図7.4 妊娠におけるTh1/Th2/Th17/Tregバランスの概念
Th1/Th2細胞のバランスや，Treg細胞やTh17細胞等の新たなT細胞サブセットを加えた概念で妊娠免疫が理解されている．

する．最近ではTreg細胞やTh17細胞等の新たなT細胞サブセットを加えた概念で妊娠免疫が理解されている．Treg細胞はIL-10やTGF-βを産生して自己免疫寛容を誘導する．妊娠中の子宮や末梢においてTreg細胞割合は増加する．マウスを用いた研究では，胎子特異的な抗原を認識するTreg細胞が母体内で増加し，Treg細胞を減少させると妊娠の成立や維持に異常が発生する．一方，IL-17等を産生して炎症を起こすTh17細胞も妊娠に関与する．正常な妊娠ではTh17細胞が抑制されTreg細胞の機能が優位になる免疫寛容状態となるが，異常な妊娠の際にはTh17細胞優位な免疫学的に不寛容な状態になる．このように，妊娠のための母子免疫寛容において，Th1/Th2/Th17/Tregバランスという新しい概念が提案されてきている（図7.4）．

7.6 子宮や胎盤では特別な免疫システムが存在する

胎盤は，接着様式を含む発達，構造や役割等に大きな動物種差が存在する器官であり（第13章参照），母子免疫寛容の中心を担っている．

ヒト等において，母体と胎子の接点である脱落膜部分では Treg 細胞による免疫寛容に加え，子宮 NK 細胞が高い割合で局在することで母子免疫寛容を制御している．通常，末梢の NK 細胞は細胞障害性を示すものが多く存在するが，脱落膜に存在する子宮 NK 細胞はほぼすべてが抑制性である．

同種移植片は自己と異なる**主要組織適合遺伝子複合体**（MHC：major histocompatibility complex）に対して宿主の T 細胞が反応することで拒絶反応を示すため，父親と母親の両方の MHC を発現する胎子は拒絶対象となるはずである．ヒトにおいては，母体免疫担当細胞に接する胎盤の胎子側の細胞における**ヒト白血球抗原**（HLA：human leukocyte antigen：ヒトにおける MHC）に特徴がある．一般的な体細胞では class I HLA が発現しているが，胎盤を構成する細胞では HLA 発現が欠落したり抗原性が低い HLA を発現することにより，母体免疫担当細胞からの拒絶を回避している．さらに，胎盤を構成する細胞では HLA-G と呼ばれる抗原を発現することで細胞障害性 T 細胞からの認識を回避すると同時に NK 細胞の活性を抑制することで，母体免疫機構からの拒絶を回避していると考えられている．

7.7 妊娠の維持や出産・分娩においても免疫担当細胞が関係する

妊娠維持には P4 による免疫調節が重要である．P4 は黄体や胎盤から大量に産生され，細胞障害性 T 細胞の抑制，抗炎症型の M2 マクロファージへの分化，好中球の活性抑制等の作用を持つ．マウスを用いた研究では，妊娠中にマクロファージを除去することで早産の発生が増加し，出産後の子の生存にも悪影響が出現するが，マクロファージの補充によってこれらの悪影響が改善されることから，マクロファージが妊娠維持に重要であることがうかがえる．

分娩発来（陣痛）から出産に向けた母体の変化に関して，コルチゾール，オキシトシンやプロスタグランジン等の液性因子や神経支配により子宮筋層の収縮が制御される機構が考えられている（第 14 章参照）．炎症性サイトカインである IL-6 や IL-8 が誘導され，マクロファージ等の浸潤で分娩が促進されると考えられている．また，マウスを用いた研究から，出産後の子宮マクロファージは老化細胞を除去して次の妊娠に備える役割を持つこともわかりつつある．

おわりに

　妊娠の機序における免疫機構の重要性を理解することで，着床不全や流産等の多くの異常妊娠の発生機序を考えることができるようになる．また，免疫機構を活用した妊娠率の向上へのアプローチも進んでいる．たとえば，自身の末梢血リンパ球を子宮内に投与することで胚の着床を促進できることや，精漿成分を子宮内に投与することで妊娠率を向上させること等について，マウス，ウシやヒト等で研究が進んでいる．免疫学は日々進歩する分野であるため，生殖機構に及ぼす免疫機構の意義が着々と明らかにされていくと考えられる．

8

雄の配偶子形成

はじめに

　精子は雄の遺伝情報を次世代に伝える重要な役割を持つ．この章では，精子の形成と成熟，さらには射出されるまでの過程について取り扱う．また，精子の構造や機能についても触れる．哺乳類の精子形成の特徴のひとつは，多数の精子を継続的に生産する点であり，これによって人工授精によるウシの育種改良が可能となっている．また，男性側の要因による不妊症が多いことが医学領域での重要な課題となっている．このように，精子の形成に関するメカニズムは，畜産学や獣医学のみならず，幅広い学問領域において重要な生命現象となっている．

8.1 　雄の配偶子形成の概要

　精子形成（spermatogenesis）は，精巣の精細管の中で**精祖細胞**（spermatogonium，精原細胞とも呼ばれる）から**精母細胞**（spermatocyte），**精子細胞**（spermatid）を経て**精子**（spermatozoon）が形成される一連の過程である（図8.1）．

　精子形成は，**精子発生**（spermatocytogenesis）と**精子完成**（spermiogenesis）に分かれる．まず，精子発生は，精巣の中に少数存在する未分化型精祖細胞（undifferentiated spermatogonium）の中に含まれる精祖幹細胞（spermatogonial stem cell，精原幹細胞もしくは精子幹細胞とも呼ばれる）が分化し，A型精祖細胞（マウスの場合，A1からA4に分けられる），中間型精祖細胞，B型精祖細胞へと分化したのちに精母細胞となり，減数分裂を経て円形精子細胞（round spermatid）がつくられるまでの過程をいう．次に，精子完成は，円形精子細胞が伸長精子細胞（elongated spermatid）を経て，精子に変態する過程をいう．精子完成の最後に精子に不必要な物質やオルガネラを含む細胞質が残余小体として放出され，このときまで細胞間架橋で連結していた精子細胞は，単体の精子となって精細管の内腔に放出される．

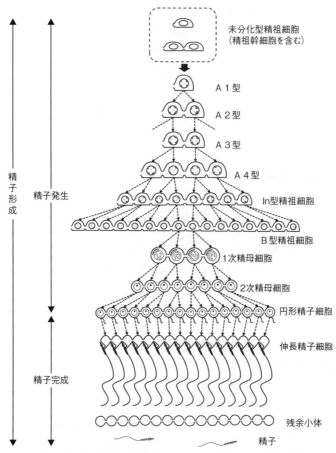

図 8.1 精子形成の過程 (Gilbert, S.F. (2010) Developmental Biology, 9th ed., Sinauer Associates より改変)

8.1.1 ゴノサイトから精祖細胞になってから精子形成が開始する

精祖細胞の前駆細胞は，曲精細管の内腔において，**始原生殖細胞**（primordial germ cell，原始生殖細胞とも呼ばれる）から生じる**ゴノサイト**（gonocyte，**前精祖細胞**（prospermatogonium）とも呼ばれる）である．初期のゴノサイトは体細胞分裂を続けるが，やがて分裂を休止し，精子形成を開始するまで精細管の内腔に位置する．精子形成は，出生の前後に，動物種に固有のタイミングで開始されるが，それはゴノサイトが精細管上皮の管腔から基底膜上へ移動し，精祖細胞になることから始まる．

8.1.2 精子発生は体細胞分裂と減数分裂を含む過程である

精子形成のおおもとは精祖幹細胞である．精祖幹細胞は，自己複製によって自体の数を一定に保ちつつ，精子へと分化する細胞を生み出すことで，継続的に精子形成を支える．マウスでは，精祖幹細胞は未分化型精祖細胞の一部であると考えられているが，その正体についてはいまだに議論が続いている．たとえば，特定の形態を持つ精祖細胞が幹細胞だとする説もあれば，特定の遺伝子を発現する細胞が幹細胞だという説もある．精祖細胞は分化したのち，体細胞分裂を行いながら，A型精祖細胞，中間型精祖細胞，さらにB型精祖細胞になる．その後，B型精祖細胞は1次精母細胞となり，減数分裂を開始する．1次精母細胞は，プレレプトテン期（前細糸期），レプトテン期（細糸期），ザイゴテン期（合糸期，または接合糸期ともいう），パキテン期（厚糸期，または太糸期ともいう），ディプロテン期（複糸期）の間にDNA量を2倍に増やし，細胞質も増大させる．1個の1次精母細胞は，第1減数分裂を経て，2個の2次精母細胞となった後，DNA合成を行うことなく続けて第2減数分裂を行い，最終的に4個の半数体の円形精子細胞になる．なお，精子発生の過程において，大量の細胞死が起こることが知られている．すなわち，精子形成では，常に少し多めに細胞を分化させ，組織の許容量を超えた分を細胞死によって間引くことで，恒常性を維持している．

8.1.3 精子完成は円形精子細胞が精子へと形態変化を行う過程である

精子完成は，円形精子細胞が精子へと形態変化を行う過程のことを指す（図8.2）．この過程では細胞分裂は伴わない．主な形態変化として，第1に，ゴルジ体が融合することにより，先体（acrosome）が形成される．第2に，核のヒストンが変換核タンパク質に置換された後，さらに**プロタミン**（protamine）に

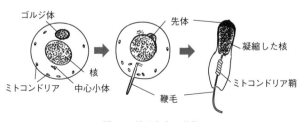

図8.2 精子完成の過程

置換されて核が凝縮する．第3に，ミトコンドリアが集合し，精子の運動時の
エネルギー供給に働く**ミトコンドリア鞘**（mitochondrial sheath）が形成され
る．第4に，中心小体を起点として，精子の運動に必要な鞭毛（flagellum）が
形成される．

8.1.4　精子形成は精上皮の周期と波によって制御される

　精細管での精子形成について，精上皮の「周期」と「波」という現象が知ら
れている．**精上皮周期**（seminiferous epithelial cycle）とは，精細管のある断
面（分節）において精上皮を構成する造精細胞の組合せが周期的に変化するこ
とである．まず，精細管の分節における精祖細胞の分化が一定の間隔で開始す
る．そして，精祖細胞から精子細胞までの分化は，一定の時間をかけて進行す
る．これらの結果として，精上皮周期が生じると考えられている．一方，**精上
皮周波**（seminiferous epithelial cycle）とは，精細管の長軸に沿って隣接する
分節が連続的に変化する現象を指す．これにより，精細管の分節ごとに精祖細
胞の分化開始のタイミングがずれることになり，精巣全体としては恒常的に精
子をつくりだすことが可能となっている．精祖細胞の分化の間隔や，分化に要
する総時間は，動物種ごとに異なる．しかし，精上皮周期や波が生じること自
体は，哺乳類の種間で共通している．

8.1.5　精子形成はセルトリ細胞や内分泌によって制御される

　精子形成は精巣内外の様々な仕組みによって複雑に調節されており，マウス
を中心とした研究によって詳細に解明されている．ここではセルトリ細胞や内
分泌による制御の一部を紹介する．セルトリ細胞は，すべての造精細胞と細胞
間接着を持ち，種々の因子を分泌して精子形成を制御している．グリア細胞株
由来神経栄養因子（GDNF）や線維芽細胞増殖因子（FGF）は精祖幹細胞の自
己複製を制御し，KIT リガンドは精祖細胞の分化に働く．セルトリ細胞は，ビ
タミン A の代謝産物であるレチノイン酸の合成や分解にも関与し，精祖幹細胞
の分化やその後の減数分裂の開始を制御している．精子形成の適切な進行には，
下垂体からの黄体形成ホルモン（LH）と卵胞刺激ホルモン（FSH），そして精
巣でつくられるアンドロジェンが必要である．LH はライディッヒ細胞に作用
してアンドロジェンを分泌させ，そのアンドロジェンがセルトリ細胞に働いて
精子完成を進行させる．FSH は，セルトリ細胞に直接作用して精祖細胞を増殖

させる．また，FSH 刺激によってセルトリ細胞から分泌されるアンドロジェン結合タンパク質は，アンドロジェンと結合して高濃度のアンドロジェンを造精細胞に供給することにより精子完成を促進する．

8.2　精　液

8.2.1　精液の概要

雄が雌と交配すると，精子を含む精巣上体尾部の管内腔液が精囊，前立腺，尿道球腺などの雄性副生殖腺の分泌液と混合された後に**精液**（semen）として雌性生殖器内に射出される．一般に精液という用語はこのような射出精液（ejaculate）を指し示すが，精巣上体尾部の管内腔液を精巣上体精液（epididymal semen）と呼ぶ場合もある．また人工授精に使用するために保存液での希釈後に凍結保存された射出精液は凍結精液と呼ばれている．

8.2.2　精子の成熟と貯蔵

哺乳類の精巣の精上皮で形成された伸長精子細胞は，精細管腔内に遊離した段階で精巣精子と呼ばれるようになり，精巣網および精巣輸出管を経て精巣上体に移送される．多くの動物種において，精巣精子は細胞質滴を頸部（頭部と鞭毛の接合部）に備える点を除いて形態学的にほぼ完成した状態にあるが，機能的には未熟である．

精巣上体は精巣表面に付着する細長い器官であり，外貌から頭部（caput），体部（corpus）および尾部（cauda）に区分される．また頭部近位部を起始部（initial segment）として区別する場合もある．精巣上体の内部では，精巣輸出管が集合した1本の精巣上体管（図 8.3 左）が複雑に屈曲しながら器官の終末部（尾部）に向かって走行している．頭部近位部（起始部）では管上皮の吸収作用により管内腔液中の精子が濃縮され，次いでそのままの状態で1～2週間かけて精巣上体の頭部と体部を経て尾部へと移動する．その際に部位特異的な精巣上体管上皮（図 8.3 右）の分泌・吸収作用によりつくりだされる管腔内環境の多様な変化に精子がさらされることで，潜在的な運動能力（鞭毛運動を行う能力や前進運動を行う能力）および卵子との受精能力を徐々に発達させる．このような精子機能の発達過程が**精子成熟**（sperm maturation）であり，精子の成熟度が高まる精巣上体の部位は概して頭部および体部である．しかし，成熟

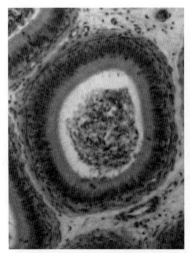 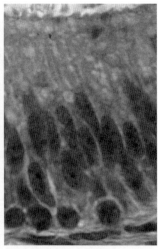

図8.3 ブタの精巣上体管（ヘマトキシリン・エオシン染色）
管上皮には円形の核を備える基底細胞と細長い核を備える主細胞が主に観察される．また管腔内には濃縮された精子が認められる（左図：精巣上体管の横断面，右図：管上皮の拡大像）．

に伴う精子の顕著な形態変化は多くの動物種でほとんどみられず，細胞質滴が鞭毛の中央部（中片部の遠位端）に移動する程度である．

　精巣上体尾部の管腔内では成熟精子の貯蔵に好適な微小環境がつくられ，潜在能力を備える精子での射出前の運動開始や受精能力発現が様々な仕組みで防止されている．たとえばウサギでは先体安定化因子（acrosomal stabilizing factor）と呼ばれる精巣上体管上皮由来の糖タンパク質が精子の表面に直接結合することで細胞膜を安定化させている．またラットでは，粘弾性の高い糖タンパク質のイモビリン（immobilin）が精子を物理的に拘束することで不動化させている．このほかにも精巣と同様に精巣上体尾部の温度を体温よりも数℃低くすることや，精巣上体管内腔液から精子活性化因子（HCO_3^-）を排除し，pHを弱酸性域にするなどの仕組みが存在している．

8.2.3 精子の構造と機能

　射出精子は，頭部，頸部および鞭毛からなり，それらの最外層は細胞膜である．精子頭部の形態や大きさは動物種により大きく異なり，家畜（ウシやブタ）では薄い卵円状（団扇やしゃもじのような形状）であるが，実験動物（マウス

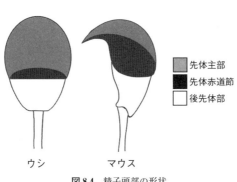

図 8.4 精子頭部の形状

やラット）では先端が尖り湾曲した状態（鉤または鎌の先端部のような形状）を示す（図 8.4）．また鞭毛の長さについては，家畜精子は実験動物精子よりもかなり短い．

精子頭部には体細胞にはみられない特徴が存在する．たとえば，精巣での精子完成期に DNA 結合タンパク質のヒストンがプロタミンに置換されることで凝縮した核が頭部全体の中心部に格納されている．このような精子核では DNA の転写活性は極めて低く，新規の mRNA やタンパク質の合成能力は喪失しているとの説が有力であり，そのために精子での細胞応答反応はゲノムを介さない仕組みにより行われると考えられている．

核を取り囲む精子頭部の構造物は先体部と後先体部に区別される（図 8.4）．先体部はさらに辺縁部，主部および赤道節に細分され，いずれの部位においても細胞膜，先体外膜および先体内膜で構成される特殊な膜の 3 重構造がみられる．また先体外膜と先体内膜との間には先体内容物が存在している．先体内容物成分の中で卵子との受精に重要な役割を果たす分子はヒアルロニダーゼ（卵丘のヒアルロン酸の分解酵素）やセリンプロテアーゼ（透明帯の糖タンパク質の分解酵素）であり，体内受精の過程では卵管内において先体の辺縁部と主部から開口分泌反応（**先体反応**）により放出されて精子の表面に移動する（第 10 章を参照）．

先体赤道節が機能するのは卵子との受精の最終段階である卵細胞膜との接着・融合の過程で，接着に必要な精子側の分子（IZUMO1）は先体反応時に先体主部の内部から先体赤道節の表面に再配置される．また先体赤道節の内部の核周辺物質には受精後の卵子を活性化して卵割を開始させるための因子（ホス

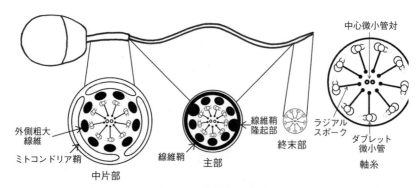

図 8.5 ウシ精子鞭毛の構造

ホリパーゼ Cζ) が含まれている．なお，先体部の各部の構成比は家畜と実験動物の間で大きく異なり，赤道節の割合は家畜よりも実験動物で高い（図 8.4）．他方で，後先体部における膜構造物は細胞膜のみで，その機能に関する究明はあまり進んでいない．

頸部は頭部と鞭毛の接合部で，内部には結合組織様の頑強な構造物を含んでいる．特に家畜精子での構造は強固で，物理的な衝撃による切断は起こりにくい．また頭部から頸部に伸びる余剰核膜胞 (redundant nuclear envelope) には細胞内シグナル伝達機構の活性化分子や Ca^{2+} をサイトゾルに供給するための細胞内ストアとしての機能が見いだされている．

鞭毛（図 8.5）は精子に運動を発生させるための構造物で，その中心部には軸糸 (axoneme) と呼ばれる鞭毛運動の発生装置が存在している．精子の軸糸はいわゆる「9＋2 構造」を示し，2 本のシングレット微小管（中心微小管対），およびそれの周辺に放射状に配置された 9 本のラジアルスポークと 9 本のダブレット微小管（周辺微小管）により構成されている．またダブレット微小管に結合し，モータータンパク質（隣り合うダブレット微小管の間での滑り運動を発生させる分子）およびアデノシン 3 リン酸（ATP）分解酵素としての機能を備える多量体タンパク質のダイニン（ダイニン腕）が鞭毛運動の発生の中心的な役割を担っている．なお，鞭毛は内部の微細構造の違いにより中片部 (middle piece)，主部 (principal piece) および終末部 (terminal piece) に細分されるが（図 8.5），家畜の射出直後の前進運動精子が鞭毛運動を示す部位は主部である．

鞭毛の中片部および主部では軸糸のダブレット微小管の外側に配置された9本の外側粗大線維（周辺束線維, outer dense fiber）が鞭毛の縦軸方向の構造を支えている. また中片部では細胞膜と外側粗大線維との間にらせん状に連なったミトコンドリア鞘が存在し, 酸化的リン酸化による ATP 生産を行っている. しかし, 主部ではミトコンドリア鞘の代わりに線維鞘が分布するとともに, 2カ所において鞭毛の中心方向に隆起している. このような線維鞘隆起部には足場タンパク質の A キナーゼアンカーイングタンパク質（AKAP：A-kinase anchoring protein）3が分布することで, 鞭毛運動の発生制御に重要な役割を果たす環状アデノシン1リン酸(cAMP)-プロテインキナーゼ A（PKA）依存的なシグナル伝達分子群を線維鞘隆起部に局在化させている.

8.2.4 精液の性状

家畜（ウシ, ヒツジ, ブタおよびウマ）の精液の性状および化学組成を表8.1に示す. 反芻動物のウシおよびヒツジでの全精液量はブタやウマよりも少ないが, 精子濃度は高い. 1射精液あたりの総精子数についてはブタが最も多い.
家畜精子の活力は, 採取直後の精液の一部を適度に加温した活力検査板（精

表 8.1 家畜精液の性状と化学組成(Hafez, E.S.E., Hafez, B. (2000) Reproduction in Farm Animals, 7th ed., Lippincott Williams & Wilkins)

性状・化学組成	ウシ	ヒツジ	ブタ	ウマ
精液量（mL）	5〜8	0.8〜1.2	150〜200	60〜100
精子濃度（10^6/mL）	800〜2000	2000〜3000	200〜300	150〜300
総精子数（10^9/mL）	5〜15	1.6〜3.6	30〜60	5〜15
精子運動率（%）	40〜75	60〜80	50〜80	40〜75
精子正常形態率（%）	65〜95	80〜95	70〜90	60〜90
タンパク質（g/100 mL）	6.8	5.0	3.7	1.0
pH（水素イオン濃度）	6.4〜7.8	5.9〜7.3	7.3〜7.8	7.2〜7.8
フルクトース	460〜600	250	9	2
ソルビトール	10〜140	26〜170	6〜18	20〜60
クエン酸	620〜806	110〜260	173	8〜53
イノシトール	25〜46	7〜14	380〜630	20〜47
グリセロリン酸コリン	100〜500	1100〜2100	110〜240	40〜100
エルゴチオネイン	0	0	17	40〜110
ナトリウム	225±13	178±11	587	257
カリウム	155±6	89±4	197	103
カルシウム	40±2	6±2	6	26
マグネシウム	8±0.3	6±0.8	5〜14	9
塩素	174〜320	86	260〜430	448

表記のない数値の濃度は mg/100 mL.

子チャンバー）にのせて光学顕微鏡下で前進運動性を調べることで評価される．精子が活発な前進運動を開始するのは射出時で，その際の雄性副生殖腺分泌液との混合が重要である．すなわち精子における活発な前進運動の開始に必要な要因としては，精巣上体尾部での貯蔵に好適な環境をつくりだす精巣上体管内腔液の成分の希釈（8.2.2 項参照），鞭毛運動を制御する細胞内シグナル伝達機構の活性化，および軸糸の運動に必要な ATP の産生開始をあげることができ，これらのすべての要因に精子と雄性副生殖腺分泌液との混合が深く関与している．副生殖腺分泌液は精囊，前立腺，尿道球腺などの外分泌腺に由来するが，動物種によっては精管膨大部や尿道腺からの分泌液も含んでいる．また，この副生殖腺分泌液と精巣上体尾部漿液の混合物が精液中の精漿である．

　鞭毛運動を制御する細胞内シグナル伝達機構の活性化は，cAMP 産生酵素であるアデニル酸シクラーゼ（ADCY：adenylyl cyclase）の活性化で始まる．哺乳類の ADCY には細胞膜貫通型（ADCY1〜ADCY9）および可溶化型（ADCY10）が存在し，それぞれ G タンパク質共役型受容体およびイオンとの相互作用により活性化される．ADCY のアイソフォームのうちで精子の鞭毛運動の制御に主体的に働くのは鞭毛のサイトゾル内に浮遊する可溶化型で，その活性化は，細胞膜上のイオン運搬体を介して鞭毛内に急速に取り込まれる雄性副生殖腺分泌液由来の HCO_3^- との結合によって引き起こされる．また精子鞭毛内で合成された cAMP は PKA を活性化する．活性化された PKA は軸糸の運動に機能する様々な鞭毛タンパク質の分子スイッチの on/off をリン酸化反応により調整している．また鞭毛に存在するホスホジエステラーゼ，プロテインホスファターゼをはじめとする様々な分子が cAMP-PKA 依存的なシグナル伝達機構の活性化状態を絶妙に調節することで精子での活発な前進運動を維持させている．

　家畜精子の前進運動に必要な ATP の生産には，雄性副生殖腺分泌液に由来する単糖（主にフルクトース，表 8.1）を細胞質内の解糖系で代謝することが重要である．また中片部ミトコンドリア鞘では，解糖系の代謝産物のピルビン酸を用いて大量の ATP を産生し，主な消費部位の鞭毛主部に運搬することで前進運動の維持に使用している．しかし，哺乳類精子には効率的な ATP の輸送系が存在しないため，長い鞭毛を備える実験動物の精子での運動の維持には鞭毛主部の解糖依存的な ATP 生産が必須である．

　ウシおよびブタの人工授精ではそれぞれ凍結精液および液状保存精液が一般

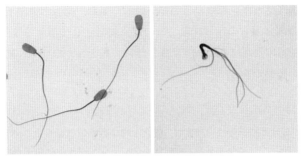

図 8.6 ウシ精子のギムザ染色像
左：形態学的に正常な精子.
右：委縮した頭部と太い 4 本の鞭毛を持つ形態異常精子.

的に使用されるが，採取直後および保存後の精液の性状は人工授精の成否に大きな影響を与える．特に重要視される性状のひとつが精子の形態学的な正常性（図 8.6）で，保存後の精子における先体の形態学的な正常性についても染色標本を用いて検査するのが望ましい．

8.2.5 精液の採取

一般的に精液採取にはウシでは人工腟法が，ブタでは手圧法が使用される．具体的には，包皮内生殖器を洗浄した種雄牛または種雄豚を採精場に誘導し，擬牝台に乗駕させる．その際に数回の乗駕抑制を行うことで雄の性的興奮を高める．種雄牛の射精反応には陰茎に伝わる腟内の圧感と温度が重要である．そのため採取にあたっては，温湯および空気圧により腟内環境を模倣した人工腟に陰茎を挿入させることで種雄牛での射精を誘起する．ウシの射精時間は瞬時である．射精後にはゴム内筒の残存精液を直ちに採取管に移し，すぐに人工腟から温湯を除去して精液の温度上昇を防ぐ．一方，種雄豚の手圧法では滅菌手袋を着用した採取者が陰茎の先端付近を手で適度に圧迫することで射精を誘起する．射精時間は数十分間とかなり長く，全精液量も 200〜300 mL と多い．また同時に射出される尿道球腺分泌物を主成分とする膠様物（ゲル状の固形物で雌性生殖器からの精液の漏出を防ぐための腟栓としての機能を有している）を滅菌ガーゼで除去しなければならない．このため気温の低い時期の採取では，精液が外気にさらされて寒冷衝撃（コールドショック）を起こさないように保温器を使用することが推奨される．また人工授精用のブタ精液としては，射精

当初の精子濃厚部だけを採取するのが一般的である．他方で乗駕不能の家畜や野生動物の雄個体からの精液採取では，電気刺激法を使用することがあるが，電気刺激射精器の使用にあたっては雄個体に苦痛を与えない等の動物福祉への十分な配慮が必要である．

おわりに

　家畜における精子形成の研究は，形態学的な観察にとどまっているのが現状である．しかし，シングルセル RNA シークエンシングや体外精子形成などの技術革新が進み，今後は家畜の精子形成の分子制御機構についての理解が進むことが予想される．種雄牛の突発的な造精機能障害など，現状では対策の難しい病態についても，予測・治療の技術開発が進み，より安定的な動物生産体系の実現が期待される．

　ウシでは従来の精液一般性状検査では検出できないような精子の分子異常症の発生が散見され，これが雄性低繁殖症および人工授精での受胎成績低下の一因であると推定されている．このような精子の異常を検出するための分子性状検査法を普及させ，種雄牛センターでの精液の一般性状検査の項目のひとつに組み入れることが期待される．

9

雌の配偶子形成

はじめに

　本章では，雌の配偶子である卵子がつくりあげられる過程について解説する．卵子は精子との受精によって発生を開始し，新たな生命を生み出す源となる細胞といえる．次世代へと遺伝子を紡ぐため，卵子は他の細胞にはない特別な性質を卵巣内での長い形成過程において獲得する．

　卵形成過程の一部を卵巣外で再現する体外培養技術がヒトや家畜種を含む様々な動物種で発展し，卵形成の分子機序が次々と明らかになるとともに，体外受精などの繁殖技術と組み合わせることで雌雄の交配に依存しない産子の獲得法が利用可能となった．一方，近年では出産の高齢化が進み，加齢に伴う卵子の質の低下が報告されている．卵子の質の実体を把握し，適切な対策を講じるためにも，卵子がつくりあげられる過程の包括的な理解は重要である．

9.1　雌の配偶子形成の概要

　雌の配偶子である**卵子**（卵母細胞，oocyte）は，**精子**（sperm）との**受精**（fertilization）によって発生を開始し，次世代の産子作出を担う細胞である．卵子は長い形成過程を経て卵巣（ovary）内でつくりあげられ，その細胞内に卵形成および受精後の胚発生に必要となる多くの遺伝子発現産物を蓄える．その結果，哺乳動物卵子は直径 70〜120 μm に及ぶサイズにまで成長し，一般的な体細胞の大きさが直径 20 μm 程度であることを考えると，体内では異例の大きさを有する細胞といえる．また，正常な受精やその後の胚発生を担保するため，他の細胞にはみられない特殊な構造を有する．たとえば，卵子の外側には**透明帯**（zona pellucida）と呼ばれる糖タンパク質からなる透明のゼリー状の層が存在する．透明帯は，精子に対して種特異性を示し，異種の精子と卵子との受精を妨げる役割を有し，また，複数の精子が侵入する**多精子侵入**を防ぎ，正常な受精卵の作出に重要な役割を持つ．

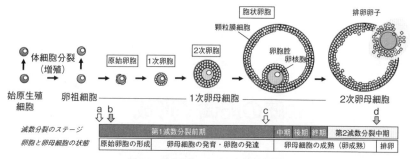

図 9.1 哺乳動物における卵子形成過程

a〜d：減数分裂の開始点（a, c）と休止点（b, d）を示す．a：第1減数分裂開始，b：ディプロテン期での休止，c：性成熟を迎え，性腺刺激ホルモンのサージによる減数分裂再開，d：第2減数分裂中期での休止．

卵子形成（oogenesis）は，生殖細胞のもととなる**始原生殖細胞**（primordial germ cell）から受精可能な卵子がつくりあげられる過程を示す（図9.1）．胎子期に出現する始原生殖細胞は，将来の精巣もしくは卵巣に向けて移動し，卵巣に到着した始原生殖細胞を**卵祖細胞**（卵原細胞ともいう，oogonium）と呼ぶ．卵祖細胞は胎子の卵巣内で減数分裂に入り，**卵母細胞**（oocyte）への分化を始める．この卵形成の過程の後半で，性腺刺激ホルモンの刺激を受けた後に卵母細胞に起こる変化のことを特に，**卵成熟**（oocyte maturation）という．

卵母細胞は当初，裸の状態で互いに接触した状態で存在するが，1次卵母細胞（primary oocyte）間に**顆粒膜細胞**（granulosa cell，顆粒層細胞ともいう）と呼ばれる体細胞が侵入し，1次卵母細胞が顆粒膜細胞に囲まれた**原始卵胞**（primordial follicle）を胎子期に形成する．なお，この時期の顆粒膜細胞を特に前顆粒膜細胞と呼ぶ．1次卵母細胞は卵胞の発達とともに発育し，転写産物が合成され，タンパク質が細胞質内に蓄えられ，最終的に直径約 0.1 mm に達する大型の細胞へと成長する．この期間，原始卵胞から開始した卵胞は，1次卵胞，2次卵胞そして**胞状卵胞**（antral follicle）へと成長する．これら卵母細胞内に蓄えられる物質を**母性因子**（maternal factor）と呼ぶ．この期間に透明帯や表層顆粒といった卵子特有の構造や細胞小器官が出現する．重要なことに，この卵母細胞の発育の間，1次卵母細胞は第1減数分裂前期にとどまったままであり，性成熟を迎えるまで減数分裂を再開しない．

動物が性成熟を迎えると，周期的に下垂体から**卵胞刺激ホルモン**（FSH）と

黄体形成ホルモン（LH）が放出され，両ホルモンの血中濃度の急激な上昇が起こる（サージ，surge，第6章参照）．胞状卵胞内で十分に発育した1次卵胞の一部はホルモン刺激に反応し，第1減数分裂前期で停止した減数分裂を再開する．これが卵成熟の開始であり，成熟開始前の1次卵母細胞は，**卵核胞期**（GV期）の卵母細胞と呼ばれる．成熟開始に伴い，卵核胞崩壊（GVBD：germinal vesicle breakdown）が誘導され，第1減数分裂中期，後期，終期を経て**第2減数分裂中期**（MII：metaphase II）まで到達し，再び減数分裂を停止する．この減数分裂過程において不均等分裂が生じ，第1極体（first polar body）が放出され，2次卵母細胞へと成熟する．

このように卵成熟を経て，MII期で停止した受精可能な状態の卵母細胞のことを卵子と呼ぶ．卵子はMII期の状態で卵胞から排出され，これを**排卵**（ovulation）という．排卵直前の胞状卵胞は卵胞液に満たされて著しく膨張し，ウシでは20 mmにも及ぶ大きさとなる．排卵卵子は卵丘細胞とヒアルロン酸の細胞外マトリックスに取り囲まれており，卵胞が破裂後に卵管采に捕捉され，受精の場である卵管膨大部まで運ばれる．その後精子と受精し，減数分裂を再開し，第2減数分裂後期，終期を経て第2極体を放出し，次世代へと受け継ぐ半数体のゲノムが卵細胞質内に残される．

排卵される卵子の数は限られており，ウシやヒトでは各性周期において1個だけであり，多胎のブタやマウスでも10〜20個程度である．一方で，卵子発育のもととなる原始卵胞白体は卵巣内に大量に存在し，たとえばウシにおいては約10万個の原始卵胞があるといわれている．しかし，原始卵胞内の1次卵母細胞はすべてが同時に発育を開始できるわけではなく，順々に発育を始め，最終的に数千から数万の原始卵胞が発育に用いられるが，残りの大部分は動物の一生を通じて原始卵胞内にとどまったままである．さらに，1次卵母細胞は加齢とともに卵巣内で退行し，発育可能な卵母細胞の数は減少する．ヒトにおいては，35歳時点で出生時と比較して数％以下の原始卵胞しか残っていないと考えられている．加齢に伴う変化は成熟卵子の機能にも影響を及ぼすことが近年の研究で明らかになってきている．たとえば，加齢個体から得られた卵子は，染色体を正しく分配する能力が若齢個体から得られた卵子と比較して劣る．このように，加齢に応じて個体の妊孕性が低下する．

上述したように，長い形成過程を経てつくりあげられる希少細胞といえる卵子だが，その形成過程の一部を体外の環境下で再現する技術が発展してきた．

特に，卵核胞期の卵母細胞を受精可能な第2減数分裂中期まで発育させる体外成熟（*in vitro* maturation）技術は幅広い動物種で研究され，食肉処理場から得た家畜の卵巣から体外成熟により受精可能な卵子を得て，体外受精，胚移植を経て産子作出が可能である．また近年,胚性幹細胞（ES細胞）や人工多能性幹細胞（iPS細胞）から体外細胞培養によって始原生殖細胞様細胞を作出し,体外で卵子まで培養する技術が急速に発展してきている．

9.2 卵子形成には，様々な発生ステージにおける一連の変化が必要である

9.2.1 胎子卵巣内で減数分裂が開始する

　細胞は分裂し，自己の遺伝情報を娘細胞へと受け継ぐ．細胞分裂は，その分裂様式の違いから，**体細胞分裂**と**減数分裂**に大別される．体細胞分裂では,DNAを複製し2つの娘細胞に均等に分配することで,染色体の倍数性は維持される．一方，減数分裂では染色体数が半減し，2倍体の生殖細胞から半数体の配偶子がつくられる．減数分裂の過程で生殖細胞は1回のS期を経て染色体数を倍化し，その後2回の分裂により半減化する．最初の分裂を**第1減数分裂**（meiosis I），次の分裂を**第2減数分裂**（meiosis II）と呼ぶ．

　第1減数分裂前期（prophase I）は胎子期の卵巣内で開始するが第1減数分裂中期以降への進行は雌が性成熟を迎えるまで起こらない．第1減数分裂前期では，**相同染色体**が対合し，**シプトネマ複合体**という構造を形成する．この時期，父方と母方から受け取った染色体がそれぞれ2本の**姉妹染色分体**から構成され,4本の染色分体があたかも1本の染色体のようにみえる．この過程は，対合の進行状態によって4つのステージに分類される．まず，レプトテン期（細糸期）では細い糸状の染色体が出現し，ザイゴテン期（合糸期，または接合糸期ともいう）には相同染色体が対合し始める．そして，パキテン期（厚糸期，または太糸期ともいう）では対合が染色体全体にわたって完了し，父方と母方から受け取った染色体間でその一部が交換される染色体の**交差**が起きる．ディプロテン期（複糸期）になると，交差の起こった部分（キアズマ）を残して対合が解離される．1次卵母細胞は，このディプロテン期でいったん休止するため，ほとんどの哺乳類において，出生時の雌の動物の卵巣内では，ディプロテン期で休止した1次卵母細胞のみが存在する．

9.2.2 卵胞の発達とともに卵母細胞が発育する

胎子期に1次卵母細胞のまわりに前顆粒膜細胞が侵入し，原始卵胞が形成され，卵母細胞の発育が始まる．そして，一部の原始卵胞は発達を開始し，卵祖細胞と単層の顆粒膜細胞からなる1次卵胞（primary follicle）がつくられる．出生後，一定数の1次卵胞がさらなる発育を始め，顆粒膜細胞が重層化した2次卵胞（secondary follicle）が形成される．この際，卵母細胞ゲノムから積極的に転写が誘導され，多くのRNAおよびタンパク質が卵細胞質内に蓄えられ，卵母細胞の体積が増加する．当初20〜30 μm（0.02〜0.03 mm）程度であった1次卵母細胞は，卵胞の発達とともに発育し，最終的に70〜120 μmのサイズにまで達する．これは，体内の他の細胞と比較しても異例の大きさである．また，卵子特有の構造が出来上がっていくのもこの時期である．たとえば，1次卵母細胞はゼリー状のムコ多糖を合成・分泌して，自身を取り囲む透明帯が2次卵胞期から胞状卵胞期にかけてつくりあげられる．卵母細胞の発育には，顆粒膜細胞が重要な役割を果たす．顆粒膜細胞と1次卵母細胞は**ギャップ結合**（gap junction）を介して物質交換を行っている（図9.2）．透明帯形成後もその関係は続き，たとえば，1次卵母細胞のエネルギー源となるピルビン酸はギャップ結合を介して卵母細胞に送り込まれている．大きく成長し，卵胞腔がみられる胞状卵胞に至る頃には，卵胞内の卵胞液も増加し，顆粒膜細胞の一部は卵母細胞を包む**卵丘細胞**（cumulus cell）となり，透明帯のまわりを取り囲む放射冠が形成される．このように胞状卵胞に至るまでの間，後の卵成熟・受精に備えて発育を遂げる卵母細胞だが，以下に述べる卵成熟の刺激を受容するまで第1

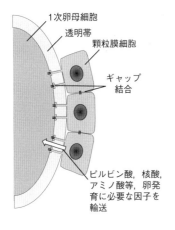

図9.2 卵母細胞と顆粒膜細胞間の相互作用
1次卵母細胞周囲の顆粒膜細胞から透明帯を貫通する突起が伸びており，先端部分にはギャップ結合が存在し，様々な物質輸送を行う．

減数分裂前期で停止したままの1次卵母細胞である.

9.2.3 性成熟後に卵母細胞が成熟し，受精可能な状態へと移行する

　動物が**性成熟**を迎えると，下垂体から分泌される**性腺刺激ホルモン**（FSHとLH）に反応して，胞状卵胞内で発育した1次卵母細胞の一部が減数分裂を再開する．卵成熟とは，発育過程を経た1次卵母細胞が，性腺刺激ホルモンに反応して第1減数分裂を再開し，第2減数分裂中期に至り，受精可能な状態になることをいう（図9.3）．上述したように，第1減数分裂前期（ディプロテン期）で休止した1次卵母細胞は，**卵核胞**（GV：germinal vesicle）と呼ばれる非常に大きな核を有する．この特徴的な核構造に因んで，同時期の卵母細胞は卵核胞期卵母細胞やGV期卵母細胞とも呼ばれる．マウスにおいては，卵核胞内のクロマチンは核質全体に分散して局在する様式と核小体まわりに偏在する局在様式が知られている．卵母細胞がGV期で停止するためには，**cAMP**（cyclic AMP）および cGMP（cyclic GMP）の制御が重要である．卵丘細胞より，ギャップ結合を介して卵母細胞内へと運ばれる cAMP は，卵母細胞内で高濃度を保つ

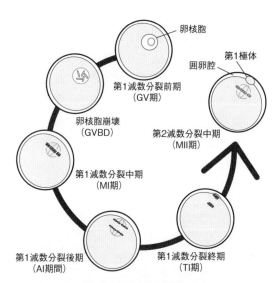

図 9.3 卵母細胞の成熟過程
第1減数分裂前期で休止した卵母細胞が成熟を開始し，第2減数分裂中期に至るまでの過程．第2減数分裂中期の卵母細胞を卵子と呼び，この状態で排卵される．

ことで，卵成熟促進因子（下記参照）の活性化を阻害し，減数分裂が GV 期で保たれる．同様に cGMP も卵丘細胞から卵母細胞に輸送され，cAMP 分解に働く因子を阻害することで，減数分裂停止を維持する．卵核胞期卵母細胞が成熟を開始すると，卵核胞内のクロマチンは互いに引き寄せられ，対となる相同染色体の 4 本の姉妹染色分体がまとまって移動する．その後，核小体が消失し，核膜が崩壊する．特に，1 次卵母細胞における核膜の消失を**卵核胞崩壊**（GVBD：germinal vesicle breakdown）と呼び，卵成熟開始の指標として用いられる．卵核胞崩壊後，凝縮した染色体は紡錘体の赤道面に並び，第 1 減数分裂中期（MI：metaphase I）となる．続いて，第 1 減数分裂後期（AI：anaphase I）では染色体は紡錘体の両極に引き寄せられ，第 1 減数分裂終期（TI：telophase I）では染色体が完全に分離する．この際，体細胞分裂のように細胞質が均等に分配されるのではなく，細胞膜側に分配された半数の染色体が小さな細胞質を含む**第 1 極体**（first polar body）となる．第 1 極体は，残りの半数の染色体を含む卵細胞質と透明帯の間の隙間（囲卵腔，perivitelline space）へと放出され，第 1 極体放出後の卵を 2 次卵母細胞（secondary oocyte）と呼ぶ．卵成熟過程における減数分裂には前期が存在せず，2 次卵母細胞は直ちに紡錘体を形成して第 2 減数分裂中期（MII：metaphase II）となる．この状態の卵母細胞は MII 期卵として知られ，多くの生殖工学実験の従事者にとっては取り扱うことが多い状態の卵母細胞でもある．通常，「卵子」と呼ばれる状態は，この第 2 減数分裂中期で停止した卵母細胞のことを指す．

また，第 2 減数分裂中期に到達した卵母細胞は再度減数分裂を休止し，卵母細胞の成熟が完了し，卵胞から排卵される．卵成熟に要する期間は種によって異なり，ブタでは約 36 時間，ウシやヒツジでは約 22～24 時間，マウスでは約 12 時間必要とする．

これら卵成熟の過程において，**卵成熟促進因子**（MPF：maturation-promoting factor）が重要な役割を有する．MPF は Cdc2 キナーゼと Cyclin B からなるヘテロダイマーであり，MPF 活性を制御する重要な因子として Cyclin B の合成・分解があげられる．卵成熟過程において，MPF 活性は MI 期と MII 期の二度ピークを迎え，それぞれ Cyclin B の分解によって減数分裂中期での停止が解除され，細胞周期が再開する．

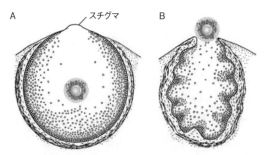

図 9.4 排卵の様子（宮野隆（2011）新動物生殖学（佐藤英明編著），p.90，朝倉書店より引用）
排卵直前の胞状卵胞は卵巣表面より突出し，その頂上部にスチグマが形成される（A）．スチグマは徐々に広がり，卵丘卵子複合体が卵胞液とともに放出される（B）．

9.2.4 受精に向け，卵子は卵管へと排卵される

　性腺刺激ホルモンの急速な上昇（サージ，surge）を受けて，上述した卵成熟を開始する卵母細胞だが，卵母細胞を取り囲む卵丘細胞も同時に変化が始まる．卵丘細胞は盛んにヒアルロン酸を分泌し，膨潤化し，最終的には卵胞腔内で浮遊した状態となる．また，LHサージに応じて卵巣の血液量が増加し，毛細血管の透過性は亢進する．その結果，胞状卵胞は著しく膨張し，マウスでは1.5～2 mm，ブタやヒツジでは8～10 mm，ウシでは15～20 mm，ウマでは50～70 mmに達する．これに伴い，卵胞は卵巣表面から大きく突出し，その頂上部に血行の乏しい薄く透明な部分（スチグマ）が形成される（図9.4）．この部分が破裂し，卵母細胞と卵丘細胞の複合体（**卵丘卵子複合体**：COCs：cumulus-oocyte complexes）が卵胞液とともに排出される．この現象を**排卵**（ovulation）という．排卵された卵母細胞は卵管采に捕捉され，卵管膨大部へと運ばれ，受精の機会を待つ．排卵はLHサージ後一定の時間で起こることが知られており，マウスやラットでは約12時間後，ウシやヒツジでは24～25時間後，ブタでは40～42時間後に起こる．多くの哺乳類では第2減数分裂中期の2次卵母細胞が排卵されるが，イヌやキツネのように第1減数分裂中期前後の1次卵母細胞が排卵されるケースもある．各性周期で排卵される卵子の数は種ごとに異なり，単胎のウシやヒトでは1個，多胎のブタやマウスでは10～20個程度である．

　排卵された成熟卵が精子の侵入を受けると減数分裂を再開する．第2減数分

裂後期（anaphase II），そして第2減数分裂終期（telophase II）を経て，不均等分裂により第2極体（second polar body）を放出する．2回の極体放出を経てつくられた半数体の卵子ゲノムと，卵子内に侵入した同じく半数体の精子ゲノムが卵細胞質内で共存する**受精卵**が出来上がり，新たな生命が始まる．

9.2.5 排卵後卵胞における黄体形成は妊娠維持に重要であり，黄体形成は性周期によって制御される

排卵後の胞状卵胞は卵巣内に閉じ込められ，卵胞腔だった部分に血液が貯まり，顆粒膜細胞と内卵胞膜細胞が血管を伴って侵入して**黄体**（corpus luteum）がつくられる．これらの細胞は黄体細胞へと変化する．

黄体は，子宮内膜の分泌機能を亢進させる**プロジェステロン**を分泌し，受精卵の着床に適した子宮内環境の準備に寄与する．プロジェステロンの分泌が盛んな時期は，ウシやヒツジでは排卵7～8日後，ウマでは排卵12日後，ブタでは排卵12～13日後である．黄体の動態は，排卵卵子の受精・着床の有無によって変わる．排卵卵子の受精・着床が成立しなければ，黄体は退行し，白体と呼ばれる線維性の組織となる．一方，妊娠が成立した場合，黄体はさらに発達して妊娠黄体となり，妊娠の維持に機能する．

性成熟した雌においては，胞状卵胞の発達，卵母細胞の成熟と排卵，黄体形成と退行が周期的に繰り返され，これを**性周期**（sexual cycle）と呼ぶ（図9.5）．性周期は下垂体から周期的に分泌される性腺刺激ホルモンと卵巣機能の変化に

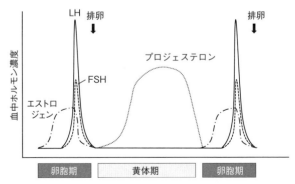

図9.5 性周期に伴う血中ホルモンの動態
卵胞期と黄体期が繰り返される性周期を模式的に表した図．

よって支配される．特に卵巣では，**黄体期**（luteal phase）と**卵胞期**（follicular phase）が繰り返される．黄体期は，排卵後に黄体が形成され，黄体からプロジェステロンが分泌され，後に黄体が退行するまでの期間を指す．一方，卵胞期は黄体退行後に卵胞が発達し，排卵に至る時期を示す．排卵直前には胞状卵胞からエストロジェンが分泌され，動物は発情し，雄との交尾を許容する状態になる．黄体期と卵胞期を交互に繰り返す**完全性周期動物**（ウシ，ブタ，ウマ，ヒツジ，ヒトなど）と，排卵後に次の卵胞期が始まり，明確な黄体期がない**不完全性周期動物**（マウス，ラット，ハムスターなど）が存在する．いずれの動物においても，加齢に伴って卵巣の機能は衰退し，性周期は停止する．ヒトでは月経の停止は閉経と呼ばれる．

9.3　加齢に伴い，卵子が受精後に正常発生する能力が低下する

原始卵胞は胎子期あるいは出生直後の卵巣内でつくられるが，原始卵胞内の1次卵母細胞はいっせいに発育を開始するわけではなく，生涯を通じて次々と発育を開始する．このうち発育を開始できるのは数千〜数万程度であり，動物1頭あたり出生時には10〜100万個程の原始卵胞が存在することを考慮すると，ほとんどの1次卵母細胞は一生を通じて発育することなく原始卵胞にとどまったままである．1次卵母細胞は加齢に伴って卵巣内で退行し，その数が減少する．また，加齢に伴う妊孕性の低下も知られている．アメリカにおける10万人以上を対象としたヒトの不妊治療調査の結果，35歳未満の女性が胚移植後に子供を授かる率は43%だが，41〜42歳では15%，さらに43歳以上では5.9%に低下する統計結果が発表されている．ここでは，加齢に伴う雌性生殖器の動態が多く研究されているヒトやマウスの結果をもとに特徴的な変化を述べる．

年齢を重ねるにつれ，卵巣，卵胞そして卵母細胞自体が大きな変化を遂げていく．卵巣内の原始卵胞のうち，ある一定数の卵胞が日々発育を開始しているが，36歳以上の女性において若齢女性と比較して卵胞が早熟に発育することが報告されている．卵胞内卵母細胞とそれに付随する構造体の変化も明らかになってきた．たとえば，卵母細胞のまわりの透明帯は硬化し，卵母細胞と透明帯の間の囲卵腔のスペースが増加する．そして，卵丘細胞の遺伝子発現様式も年齢に応じて変化する．卵母細胞自体の変化も顕著で，卵細胞膜直下に形成されるマイクロフィラメントの層は，卵の老化に伴い局在異常を示し，場合によっ

ては消失する．また，卵母細胞膜の表層顆粒も異常な局在様式へと変化する．卵細胞質内のミトコンドリアでは，マトリックスが肥大化し，膜電位の低下もみられ，ATP 産生能力が減衰する．そして，卵母細胞が次世代へと染色体を正しく分配するために必須となる減数分裂紡錘体においても，顕著な異常が老化卵にみられる．通常であれば双極性のコンパクトな紡錘体が卵細胞膜近傍に位置するが，多極紡錘体の形成，膨大化し非整列な状態の紡錘体の形成などが老化卵子に観察される．さらに，M 期染色体の整列異常が起こり，後の染色体分配エラーにつながると考えられている．

9.4 卵母細胞を体外で培養する技術の発展

卵巣内の卵胞卵は，適切な性腺刺激ホルモンの刺激なしには未成熟な状態であり，卵巣を回収してすぐに体外受精などの処理に用いることは難しい．そこで，体外受精を行う際にはホルモンを投与して**過排卵処理**（superovulation）を行うケースがある．特にマウスなどの小型実験動物にとっては一般的な方法として広く用いられている．一方で，大型動物にとって排卵卵子を回収するのは容易ではない．そこで，食肉処理場から食肉生産の過程で得られる卵巣を利用し，体外で卵胞卵を成熟させる手法が広く用いられており，これを卵母細胞の体外成熟と呼ぶ．たとえばウシ卵母細胞の体外成熟の場合，卵巣を実験室に持ち帰り，直径 3～6 mm 程度の卵胞から注射器を用いて卵胞液と卵丘卵子複合体を回収する．採取した卵丘卵子複合体は，適切な培養液中で 1 日程度培養することで，受精可能な第 2 減数分裂中期卵を得ることができる．

上述した体外成熟培養は，第 1 減数分裂前期で停止し十分に発育した GV 期卵を MII 期へと成熟させるものである．近年，未発育の卵母細胞を体外で発育させる培養系も発展し，マウスにおいて始原生殖細胞から卵子の作出まで体外で成功した報告もある．さらに，ES 細胞や iPS 細胞から始原生殖細胞様細胞をつくりだし，そこから卵子へと分化させ，胎子を誕生させることにも成功した．これらの革新的な実験系の創出により，分子的な知見が限られていた卵形成過程がより詳細まで理解されることになるだろう．また，これらの新しい技術は，生殖系列の細胞さえ自在につくりだせる可能性を示唆しており，新たな生殖工学技術への展開が期待される．

おわりに

卵子形成はライフサイクルの各ステージで段階的に進行していく．長年の研究から得られた知見により，それぞれの卵発育過程での形態学的特徴が明らかになってきた．また近年，遺伝子・分子レベルで卵子形成過程をひもとく研究が進み，次々と新たな発見が報告されている．加えて，体外で卵子形成を再現する新技術の発展によって，卵子形成を統べる分子機構の解明や卵形成の人為的制御は飛躍的に進展すると考えられ，当該研究は今まさに新たなステージに向けて進みだしたといっても過言ではない．

10

受　精

はじめに

　本章では，哺乳動物の**受精**（fertilization）を取り扱う．哺乳類は両性生殖（bisexual reproduction）で，雌雄の配偶子（gamete）による体内受精を行う．すなわち，卵子（卵母細胞，oocyte）と精子（spermatozoon, sperm）が雌の生殖道内で出会い，2倍体（diploid）の胚（embryo）として発生していく．本章では，まず体内で行われる受精の概要，続いて各プロセスについて解説する．また，体外受精についても説明する．

10.1　受精の概要

　卵子と精子が出会い，両者の核が合体して**接合子**（zygote）となる過程を受精という．受精の場は卵管膨大部である．精子は射出部位から卵管膨大部に移動する間，受精に適した数に減じる．受精前に，精子は受精能獲得と先体反応を起こす．排卵時，卵子は卵丘細胞に囲まれた卵丘卵子複合体である．精子が卵子内へ侵入するには，卵丘細胞層および透明帯を通過する．精子が卵細胞質内に侵入した後，卵子内で表層反応が生じ，多精子受精を阻止する透明帯反応と卵黄遮断が起きる．また精子の侵入により減数分裂が完了する．以上の体内で起きる受精過程は体外で実施でき，これを体外受精という．体外受精は優良家畜の増産に有用な技術である．また，ヒトの不妊治療にも多大な貢献をしている．

10.2　精子と卵子は卵管膨大部で出会う

10.2.1　精子の移動

　交尾により，**精液**（semen）が射出される部位は，腟内（ウシ，ヒツジ，ヤ

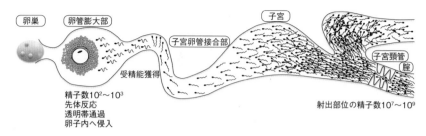

図 10.1 精子の移動と変化

ギ，ウサギ，ヒト）または子宮頸管〜子宮内（ウマ，ブタ，マウス，ラット）である．腟内は酸性で，精子には過酷な環境なため，多くの精子が除外される．**子宮頸管**（cervical canal）は，腟と子宮の接続部で，狭く複雑な構造である．頸管上皮は粘液分泌細胞に富み，内腔は粘液で満たされている．粘液の濃度と粘性は，ステロイドホルモンと関連し，エストロジェンレベルが高くプロジェステロンレベルが低いと，粘性を失い水様になり，精子の頸管通過を促進する．逆にプロジェステロン濃度が高いと頸管粘液は粘性になり，子宮への精子侵入を困難にする．

精子は尾部の鞭毛運動と子宮・卵管の収縮運動により移動する．子宮では白血球の食作用により精子数が減少する．その後，**子宮卵管接合部**（uterotubal junction）から卵管に入り，受精部位の**卵管膨大部**（oviductal ampulla）へ至る（図 10.1）．射出される精子数は動物種により異なり，マウスでは 0.5 億，ヒトでは 3 億，ヒツジでは 10 億，ブタでは 80 億である．一方で，受精部位である卵管へ到達する精子数は，種間に差異はほとんどなく，数百から数千である（図 10.1）．

10.2.2 卵子の移動

ほとんどの哺乳類で，2 次卵母細胞と**卵丘細胞**（cumulus cells）からなる**卵丘卵子複合体**（COCs：cumulus-oocyte complexes）として**排卵**（ovulation）される（図 10.1）．排卵卵子は**第 1 極体**（first polar body）を持つ**第 2 減数分裂**（second meiosis）**中期**（metaphase）である．一般的に卵子と呼ばれるが，減数分裂を完了しておらず，厳密には 2 次卵母細胞である．

卵子は，卵丘細胞層の粘性と卵管上皮細胞の線毛運動，そして卵管の蠕動運動により，卵管采から卵管漏斗部，そして卵管膨大部へと移送される．

10.2.3　精子と卵子の受精能保持時間

　雌性生殖道内の精子生存時間は，多くの動物種では2～3日程度であるが，ウマでは5～6日と長い．受精能保持時間はそれよりも短く，ウマで3～5日，他の家畜で1～2日，マウス，ラットなどでは6時間～半日程度である．排卵卵子の受精能保持時間は精子より短く，動物種によって変動があるものの6時間から長くても24時間以内である．そのため，交尾や受精のタイミングが排卵と一致する必要がある．もし卵子の卵管到達前に，精子が数日間雌性生殖道内へおかれると，精子は受精まで生存するのは難しい．逆に，もし精子が排卵数日後に卵管に到達すると，精子は退行した卵子と出会うことになる．すなわち適切な受精のタイミングは，排卵に先立って精子が受精部位へ到達している状況である．

10.3　受精には精子の受精能獲得と先体反応が必要である

10.3.1　受精能獲得

　精子は，卵管膨大部に到達するまでに**受精能獲得**（capacitation）を経なければ，卵子に侵入できない（図10.1）．受精能獲得では，精子被覆物質の除去，細胞膜のコレステロール除去，細胞内因子の変化，超活性化運動が起きる．すなわち，精子に付着した精漿由来の糖タンパク質などの物質の除去（精子被覆物質の除去）や，細胞膜からのコレステロールの除去（細胞膜のコレステロール除去）による，細胞膜の種々の変化が起きる．また，雌性生殖道内の分泌液中に高濃度に存在する重炭酸イオン（HCO_3^-）が精子内へ流入し，アデニル酸シクラーゼを活性化することでcAMP濃度が上昇し，cAMP依存性タンパク質キナーゼの活性化が起こる（細胞内因子の変化）．これによって種々のタンパク質（受容体や酵素など）がリン酸化し，精子細胞膜に生理的な変化が生じることによってエネルギー源の取り込みが増え，代謝活性が高まり，尾部を大きく振幅させる活発な前進運動を示すようになる（超活性化運動，hyperactivation）．受精能獲得に必要な時間は，種で異なるが，通常は数時間である．

10.3.2　先　体　反　応

　卵子に接近した精子は，**先体反応**（acrosome reaction）と呼ばれる精子頭部の変化が起きる（図10.2）．**先体**（acrosome）は精子頭部の先端に位置する袋

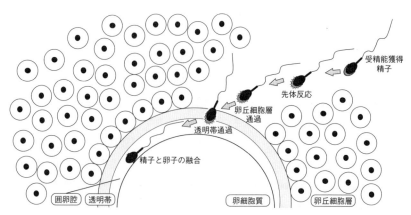

図 10.2　精子と卵子の融合するまでの経過

状の構造体であり，先体の内部には卵丘細胞層や透明帯を通過するために必要なヒアルロニダーゼやタンパク質分解酵素アクロシンが存在する．先体反応により，精子細胞膜と先体外膜が融合して胞状化し，先体内に含まれていた種々の酵素が放出される．この先体反応は受精能獲得を起こした精子においてのみで生じる．

先体反応の誘起には，精子細胞膜の種々の変化による細胞外カルシウムイオン（Ca^{2+}）が，Ca^{2+}チャネルを介して，精子内へ流入することが必須である．先体反応が進行し，精子が透明帯を通過するとき，細胞膜と先体内容物が失われ，精子が透明帯を横断するまでには，その頭部先端表面は胞状化により最終的には先体内膜が露出される．卵子に到達する前に先体を失った精子は，透明帯に結合できないため卵子内へ侵入できず，受精には関与できない．

10.4　精子は卵丘細胞層および透明帯を通過後に卵子内に侵入する

10.4.1　精子の卵丘細胞層通過

卵丘卵子複合体（COCs）として排卵された排卵卵子は，膨化した粘性のある何層もの卵丘細胞に覆われている（図10.1）．この粘性を有する卵丘細胞層の基質はヒアルロン酸を主成分としている．受精能獲得精子は，先体反応により精子頭部の先体からヒアルロニダーゼ（hyaluronidase）が放出され，卵丘細胞層のヒアルロン酸を分解して，精子は卵丘細胞層を通過し，透明帯へと到達す

る（図 10.2）.

10.4.2　精子の卵子透明帯通過

　精子は，膨化した卵丘細胞層を通過した後，**透明帯**（zona pellucida）を通過する（図 10.2）．透明帯は複数の糖タンパク質で構成されている．この糖タンパク質は動物種によって異なり，マウスでは ZP1，ZP2，ZP3 の 3 種，ヒトでは ZP1，ZP2，ZP3，ZP4 の 4 種で構成される．透明帯は，精子に対して種特異性を有しており，異種の精子は透明帯に結合できない．マウス ZP 遺伝子をヒト ZP 遺伝子と入れ替える実験により，精子と透明帯の結合には ZP2 が重要であることが示されている．

　異種の精子侵入を卵子が排除する機構は，透明帯と卵細胞膜の両方に存在するが，ゴールデンハムスターは卵細胞膜に種特異性がない．ハムスターテストは，この性質を利用して，透明帯除去ゴールデンハムスター卵子への精子侵入率によりヒト精子の受精能力を評価する検査法である．

10.4.3　精子と卵子の融合

　透明帯を通過した精子は，頭部の赤道部で卵子の細胞膜と融合し，卵表面の絨毛の作用により卵細胞質内に取り込まれる（図 10.2）．配偶子膜融合に関わる分子として，精子では IZUMO1，FIMP，EQUATORIN などが，卵子では JUNO，CD9 などが知られている．

10.5　精子の侵入後，卵子は多精子受精を阻止し，減数分裂完了に至る

10.5.1　卵子の活性化と減数分裂再開

　精子と卵細胞膜の融合が起きると同時に卵子の活性化が誘起される（図 10.3）．精子が卵細胞質内に侵入すると，ホスホリパーゼ C ゼータ（PLCζ）により，卵細胞膜のイノシトールリン脂質（PI）が分解され，ジアシルグリセロール（DG）とイノシトール 3 リン酸（IP3）となる．IP3 は，卵子内の Ca^{2+} の貯蔵部位である小胞体から Ca^{2+} を放出させ，Ca^{2+} 濃度の上昇が周期的に繰り返される．これを**カルシウムオシレーション**（calcium oscillation）という．カルシウムオシレーションにより，ユビキチン・プロテアソーム系が活性化され，**卵成熟促進因子**（MPF：maturation promoting factor）を構成しているサイクリ

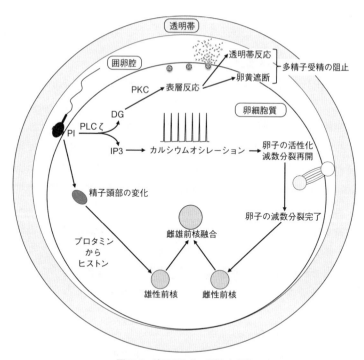

図 10.3 精子侵入後の卵子内変化

ン B が分解されることで MPF の活性低下が起こり，減数分裂が再開され，第 2 極体の放出により第 2 減数分裂を完了して卵子となる．このときすでに精子侵入卵子である（図 10.3）．

10.5.2 表層反応

　成熟した卵子の細胞膜直下には**表層顆粒**（表層粒，cortical granule）と呼ばれる小胞が多数存在し，プロテアーゼなどの様々な酵素や糖タンパク質を内含している．精子の卵細胞質内侵入直後に卵細胞膜のイノシトールリン脂質分解が起き，ジアシルグリセロールが生じ，プロテインキナーゼ C（PKC）が活性化され，表層顆粒の膜と卵細胞膜が融合し，**開口分泌**（エキソサイトーシス，exocytosis）により，表層顆粒内容物が卵子と透明帯の隙間である**囲卵腔**（perivitelline space）へ放出される．これを**表層反応**（cortical reaction）という（図 10.3）．表層顆粒の成分は卵細胞膜に作用し，卵細胞膜成分を変化させる（卵黄

遮断）. 表層顆粒成分は透明帯にも拡散し，透明帯の構造を変える（透明帯反応）.

10.5.3 多精子受精の阻止（透明帯反応と卵黄遮断）

正常な受精では，半数体（haploid）の核相を持つ1個の卵子（n）と1個の精子（n）が融合して，2倍体（2n）の受精卵が形成されることが必須である．そのため卵子には，2個以上の精子の侵入，すなわち**多精子受精**（polyspermy）を阻止する機構がある．そのために，受精部位の卵管膨大部では限られた数の精子しか存在しないことが重要である．

卵子の多精子受精阻止には，**透明帯反応**（zona reaction）と**卵黄遮断**（卵黄ブロック，細胞膜反応，vitelline block）の二重機構がある．透明帯反応は，表層反応による透明帯の構造的変化である．すなわち，放出された表層顆粒成分が透明帯タンパク質の構造を変化させ，これにより他の精子は透明帯への結合と通過が阻止される．卵黄遮断は，表層反応による卵細胞膜の変化である．すなわち，放出された表層顆粒成分が卵細胞膜の結合タンパク質の分解・構造変化を起こし，これにより卵細胞質内への他の精子の侵入を阻止する機構である（図10.3）.

10.5.4 精子頭部の変化

精子の頭部が卵細胞質内に入り，尾部が離れ，精子頭部が膨化する．頭部のDNAは，**ヒストン**（histone）ではなく，**プロタミン**（protamine）と結合している．プロタミンは隣り合うプロタミンとジスルフィド結合（S-S結合）でつながり，体細胞核のDNAより高度に凝縮した構造でDNAを束ねている．卵細胞質に存在する還元型グルタチオン（GSH）の還元能力により，卵子内に侵入した精子プロタミンのジスルフィド結合が切断され，DNAがゆるみ，精子頭部は膨化する．精子頭部のクロマチン（chromatin）が脱凝縮（decondensation）する過程で，プロタミンはヒストンに置換される（図10.3）.

10.5.5 卵子（卵母細胞）の減数分裂完了

卵子（卵母細胞）は第2減数分裂中期から分裂を再開し，第2極体（second polar body）を少量の細胞質とともに囲卵腔へ放出することで，染色体数を半減させ，正常な受精を可能にする（図10.3）. このとき，極体放出がなされずに

卵子が2倍体のままであると，侵入精子が1つの場合でも3倍体の異常な受精卵を生じ，早期の胚死亡を導く．

10.5.6 前核形成から第1卵割

卵細胞質に侵入して膨化した精子核は，新たな核膜によって包まれ，半数体のゲノムを含む**雄性前核**（male pronucleus）を形成する．一方，減数分裂を完了した卵子においても，新たな核膜によって包まれた半数体のゲノムを含む**雌性前核**（female pronucleus）が生じる．前核の存在する時期を**前核期**（pronuclear stage）という（図10.3）．

雌雄両前核では，それぞれDNA複製が開始される．雌雄両前核は卵子の中心に移動し，前核合体の直前にDNA複製を終了する．その後，両前核の核膜が消失し，**雌雄前核融合**（syngamy）が起きる．前核の融合により，受精の過程は完了する．

雌雄両前核の卵子中心への移動には，中心体から微小管が伸びた，星状体と呼ばれる放射状の微小管の束が機能する．前核の移動から**第1卵割**（first cleavage division）において，げっ歯類では卵子の中心体が機能するが，それ以外の哺乳類のウシ，ブタ，ヒトなどでは精子由来の中心体が機能する．第1卵割により，受精卵は2細胞期へと発生する．ウシ，ブタ，ヒトなど，げっ歯類以外の哺乳類では，精子由来の中心体が機能するため，多数の精子が侵入する多精子受精の場合には，分裂中心が増え第1卵割で細胞質が異常分割するものがみられ，染色体数が異常となり，異なる染色体数の細胞が混在するモザイクの胚になる．

10.6 体外受精は，体内の受精過程を体外で行う培養技術である

10.6.1 体外受精の意義

体外受精（IVF：*in vitro* fertilization）とは，体外に取り出した卵子と精子を培養液中で合わせ（媒精），受精させる技術である．体外受精後，通常は胚盤胞などの一定のステージまで体外培養で発生させる．現在では，**胚移植**（ET：embryo transfer）と併用し，重要な生殖技術である．ウシなどの家畜においては，優良形質を有する経済価値の高い産子の生産に活用されている．マウスなどの実験動物においては，遺伝子改変動物の遺伝資源保存などに貢献している．

ヒトにおいては，生殖補助医療のひとつとして，不妊治療に欠かせない技術となっている．

10.6.2　体外受精（IVF，cIVF）

　体外受精には，主に2つの過程がある．ひとつは精子の前培養であり，これにより精子は受精能を獲得する．2つ目が精子と卵子の媒精であり，これにより精子は卵丘細胞と透明帯を通過し，卵子内に侵入する．

　体外受精において，培養液，精子前培養時間，媒精時の精子数濃度などが重要であり，動物種ごとに適切な条件がある．通常，前培養と媒精は同一の培養液が用いられている．培養液には，重炭酸イオン，カルシウムイオン，そしてコレステロール結合因子としてアルブミンなどが含まれている．

　体外で受精能獲得した精子は，自然に先体反応を引き起こすことがある．卵子に出会う前に先体を失った精子は，透明帯に結合できず，受精できない．そこで体外の受精能獲得では，精子が透明帯に結合する前に先体反応を引き起こさないようにしなければならない．

　体外受精では卵子の周辺に生体内より多くの精子が存在するため，卵子が有する多精拒否機構では不十分となり，3倍体（triploid）などの多倍体（polyploidy）やモザイク（mosaic）の異常胚が生ずる割合が高くなる．3倍体などの多倍体胚は，発生途中もしくは着床後早い時期に死に至り流産となる．特にブタでは体内での受精でも多精子侵入が多く，体外受精ではより高い割合で異常胚がみられる．

　ヒトにおいて，後述の顕微授精が普及しており，区別するために**標準体外受精**（cIVF：conventional IVF）と呼ぶこともある．

10.6.3　顕微授精（ICSI）

　顕微授精では，マイクロマニピュレーターを用いて卵子に精子を授精させる．顕微授精には囲卵腔内精子注入法や透明帯開孔法もあるが，ヒトにおいては**卵細胞質内精子注入法**（ICSI：intracytoplasmic sperm injection）が主に実施されている．そのため，ICSIが顕微授精と同義で使われることが多い．ヒトの男性不妊症においては，精子に変態する前の円形精子細胞を卵子内に注入する**円形精子細胞卵細胞質内注入法**（ROSI：round spermatid injection）も行われている．

100 第10章 受 精

ICSIでは，先体反応を起こしていない精子が注入される可能性が高く，初期胚発生が遅くなる． ICSIにおいて，1個の精子のみを注入したにもかかわらず前核が3個以上観察されることがある．これは卵子側の減数分裂完了不全によるものと考えられている．

10.6.4　体外受精の実際

ウシにおいて，わが国における体外受精卵を胚移植した際の受胎率は，新鮮胚が約42%，凍結胚では約38%であり，産子に至るのはその半分ほどの約21%である．移植する胚盤胞までの発生率を考慮すると，産子率はさらに低い．この問題を解決するために，様々な対策・研究が進められている．

ヒトにおいては，不妊治療に欠かせない技術となっており，わが国においては年間40万周期を超えている．一方で出生に至るのは約13%である（表10.1）．

表10.1　日本におけるヒトの体外受精・胚移植成績および人口動態との比較

年	治療周期数	体外受精による出生児	体外受精による出生児/治療周期数（%）	総出生数	総出生数/体外受精による出生児
2001	76,079	13,158	17.3	1,170,662	89.0
2002	85,664	15,228	17.8	1,153,855	75.8
2003	101,905	17,400	17.1	1,123,610	64.6
2004	116,604	18,168	15.6	1,110,721	61.1
2005	125,470	19,112	15.2	1,062,530	55.6
2006	139,488	19,587	14.0	1,092,674	55.8
2007	161,164	19,595	12.2	1,089,818	55.6
2008	190,613	21,704	11.4	1,091,156	50.3
2009	213,800	26,680	12.5	1,070,036	40.1
2010	242,161	28,945	12.0	1,071,305	37.0
2011	269,659	32,426	12.0	1,050,807	32.4
2012	326,426	37,953	11.6	1,037,232	27.3
2013	368,764	42,554	11.5	1,029,817	24.2
2014	393,745	47,322	12.0	1,003,609	21.2
2015	424,151	51,001	12.0	1,005,721	19.7
2016	447,790	54,110	12.1	977,242	18.1
2017	448,210	56,617	12.6	946,146	16.7
2018	454,893	56,979	12.5	918,400	16.1
2019	458,101	60,595	13.2	865,239	14.3
2020	449,900	60,381	13.4	840,835	13.9
2021	498,140	69,797	14.0	811,622	11.6

日本産科婦人科学会の調査および厚生労働省の人口動態統計をもとに作成
2001年以降を抜粋

不妊症には年齢も関与しており，安全に配慮した改善が展開されている.

おわりに

　哺乳動物の受精は体内で行われる. そのため，受精の機構を理解する研究は，体外培養の技術の発展とともに進展してきた. こうして培われた体外受精は，基礎領域でも臨床領域でも重要な技術となっている. 特に，ヒトにおける不妊治療においては欠かせない技術であり，社会的にも多大な貢献をしている. 受精機構のさらなる解明研究は，生物学的な知見として重要なだけではなく，積み残しになっている産子率の改善においても大きな期待が寄せられている.

11

胚の初期発生

はじめに

　本章では，受精してから胚盤胞期胚に至るまでの胚（初期胚）を取り扱う．胚の発生は積極的に研究されている分野である．1978年に家畜を対象とした様々な研究をもとにRobert EdwardsとPatrick Steptoeらがヒトで最初の体外受精児を誕生させている．

　現在，女性の出産年齢の高齢化が進んでいる．両親の加齢は，胚の質や発育能力を損なう．そのため2023年現在で14人に1人が胚発生技術を用いた生殖補助医療の恩恵を受けて誕生している．また，畜産業では，遺伝的に優秀な家畜を作製するために胚作製と移植が活発に行われており，乳牛の子宮を借りて高価に販売できる肉牛（黒毛和種）を生産することが，酪農家の重要な収入源となっている．さらに初期胚発生の知識は遺伝子組換えによる疾患モデル動物の作製，実験動物による基礎的な研究，ES細胞など組織再生や細胞分化の研究の基盤となっている．

11.1　胚の初期発生の概要

　初期胚発生の進行を図11.1に示す．卵母細胞（以下卵子，oocyte）は卵胞内で減数分裂を進め，第2減数分裂中期（metaphase II）に至り排卵され卵管采を経て卵管に取り込まれる．その後，卵管膨大部で，受精能を獲得した精子と受精し，接合子（zygote）となる．精子侵入後，卵子は保有する染色体の半分を第2極体（second polar body）として放出し，残った雌性の染色体のまわりに雌性前核（female pronucleus）を形成する．精子の核は，体細胞と異なり高度に凝集したDNAよりなっているが，脱凝集され雄性前核（male pronucleus）となる（11.3節参照）．この両前核は中央に集まり融合後，核膜が消失し2細胞期に向けて分裂する．その後，胚は分裂を進め桑実胚そして胚盤胞期胚に至る．

　初期胚の発生は割球の成長を伴わないため，細胞周期が早く分裂のたびにそ

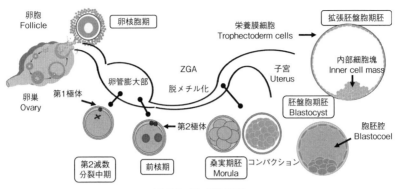

図 11.1 胚の発生過程

胚の発生は卵管内で始まり，下降しながら進行し桑実期胚で子宮に到達する．胚盤胞期胚までの日数はウシやブタでは7日，マウスでは4日，ヒトでは4～5日かかる．

の割球サイズが小さくなる．発生が進むと細胞周期が遅くなり，細胞周期にギャップフェイズ（G期）が挿入される．節足動物の初期割球はその後の運命が決まっているものがあるが，哺乳動物の初期胚では，割球の能力はそれぞれ同じであり，どの割球も個体に発生するためのすべての能力（全能性，totipotency）を持つ．

最初の数回の分裂が起きる間，割球の中では劇的な変化が起こる．そのひとつは核の**脱メチル化**である．配偶子のDNAのメチル基が能動的，受動的に取り除かれ，それに伴いヒストンの修飾も変化する．初期胚の染色体は精子と卵子由来のものが存在するが，そこに含まれる遺伝子には，その両親の由来によって発現が異なるものがある．また，性染色体では量的な補償が行われる（11.3節参照）．

初期胚発生では，分裂に伴い卵子中のミトコンドリア等の細胞内小器官や物質（これらを母性因子と呼ぶ）は娘割球(じょうかっきゅう)に分配される．この卵子に蓄えられている**母性因子**は，卵子の発育・減数分裂・受精の遂行そして初期の発生に必須であるが，その後急速に分解され消失する（11.4節参照）．これに代わり動物種それぞれに特異的な発生時期に胚のゲノムを用いたタンパク質合成が始まり，母性因子から**胚性因子**に置き換わる．この現象を胚性ゲノムの活性化（ZGA：zygotic genome activation）という．この劇的な変化に対応できない胚は，種特異的なステージで胚発生を停止する．胚発生研究の黎明期には不良な培養環境に起因して種特異的なステージで胚発生が停止する現象が問題となり，マウ

スなどでは2細胞ブロックと呼ばれていた.

　初期胚は分裂を進め**桑実胚**（morula）になると割球に差異が現れる（11.5節参照）．そして桑実胚期に割球の形状が変化し，割球間の区別がなくなる，**コンパクション**（compaction）と呼ばれる現象を起こす．これに続き胚中に空隙（胞胚腔，blastocoel）が形成される．この発育ステージを**胚盤胞**（blastocyst）と呼ぶ．　胚盤胞期胚には内細胞塊と栄養膜細胞の2つの細胞系譜があり，内部細胞塊は胎子になる部分であり栄養膜細胞は胎盤になる部分となる．2つの細胞系譜への分化の背景やその維持については動物種によっては明らかになってきている．この胚盤胞形成時期は胚の代謝の劇的な変化を伴い，細胞内小器官の数や質も変化する（11.6節参照）.

　胚盤胞期胚は胚移植に用いられる発育ステージであり，その質や正常性の診断（11.7節参照）は，その後の受胎性や流産などのリスクを低減させるために重要である．また，ウシの胚ではこのステージで凍結保存が行われる（11.8節参照）．胚盤胞期胚はやがてその体積を増やし，拡張胚盤胞となり透明帯を圧力と酵素により溶解して脱出し，種特異的な形態変化を起こす．たとえばウシやブタでは伸長し，紐状の形状になる．体内では胚と母体は，様々な因子を介して相互に作用している．また，卵管や子宮中には胚発生を支える未知の要因が数多く存在する（11.9節参照）．胚の発生は体外での隔離した環境でも再現できるため，多くの動物種において体外で受精し発育した胚が作製されているが，いまだ体内環境で発育した胚と比べると差が認められる．また，配偶子の形成過程のストレスや胚への物理的な処理が胚の質を変え，これらは産子にも影響する可能性が示唆されている（11.10節参照）.

11.2 精子の核 DNA は凝集している

　細胞内の DNA はヒストンの8量体に巻き付いて核内に収納されているが，特に精子の核は，プロタミンというタンパク質を用いて高度に凝集している．この強い凝集には，プロタミンがシステインやアルギニンに富むため陽電荷を帯電し DNA との相互作用が強いことや，システイン同士のジスルフィド結合の形成が寄与していると考えられている．卵細胞質にはグルタチオンという還元作用の強い物質があり，これが精子の脱凝集に関与する．卵子のグルタチオンの量は卵子の成熟環境にも影響される.

11.3 受精後の脱メチル化は精子側と卵子側の DNA で異なる

DNA のアデニンやシトシンにはメチル基による化学修飾が施される．特にシトシンの5位に付与されるメチル基はヌクレオソームの安定と転写の因子の誘導に影響する (図 11.2)．たとえばプロモーターやエンハンサー部位にメチル基が付加されるとアクチベータの結合抑制やリプレッサーの誘導を行い遺伝子の発現を抑制する．DNA は核内ではヒストンの8量体に巻き付きヌクレオソームを形成して収納されているが，このヒストンテールに様々な化学修飾（リン酸化，メチル化，アセチル化など）が施され，これが DNA のメチル化と協調し，相互に作用しながら遺伝子の発現を制御している（図 11.2）．精子と卵子はその形成過程や発育中に DNA がメチル化される．特に精子の DNA は高度にメチル化されている．両アレル（対立遺伝子）でメチル化パターンが異なり，

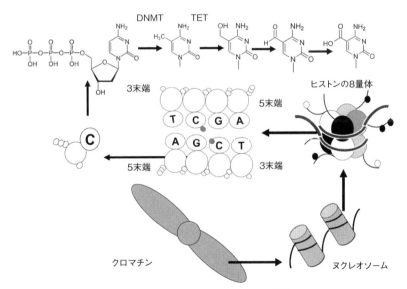

図 11.2 DNA のメチル化とヒストンの修飾

DNA はヒストンの8量体に巻き付きヌクレオソームを構成している．ヒストンのN末のアミノ酸残基には化学修飾が付加され，これも遺伝子の発現に影響する．DNA は相補的に向かいあった2本鎖で構成される．DNA メチル基転移酵素（DNMT：DNA methyltransferase）によりヌクレオチドのシトシンの5位の炭素にメチル基が付加される．TET（ten-eleven translocation）と呼ばれる水酸化酵素はこれを酸化しヒドロキシ，ホルミル，カルボキシル化を経て脱メチル化する．このように DNA の塩基配列を変えずに細胞が遺伝子の働きを制御する機構をエピジェネティック修飾という（12.2節参照）．

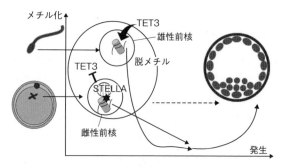

図 11.3 受精後の脱メチル化
精子は高度にメチル化されている．受精後精子の DNA は積極的に脱メチル化される一方で，卵子由来の DNA は受動的に脱メチル化される．広範囲に脱メチル化された後，細胞の分化に伴い新規のメチル化が施されていく．インプリントされた遺伝子はこの広範な脱メチル化を回避する（点線）．

その発現が父親・母親の由来に影響されるインプリントもこの時期に確立する．受精後，精子の DNA に対しては積極的な脱メチル化が起こる（図 11.3）．5-メチルシトシンは 5-ヒドロキシメチルシトシンを経て，ホルミル化，カルボキシル化といった変化の後メチル基を除去されるが，この現象は水酸化酵素である TET（ten-eleven translocation）が担う．一方で卵子側の DNA はこの積極的な脱メチル化を回避する（図 11.3）．精子ではヒストンの化学修飾が異なり特に卵子由来の前核（雌性前核）に多くみられる H3K9 ジメチル（me2）（ヒストン H3 残基の 9 番目のリジンにメチル基が 2 つ付いたもの）が付加されたクロマチンには STELLA（DPPA3 または PGC7）が結合し，脱メチル化を担う TET3 による酸化を抑制する．このことが受精後急速に精子由来 DNA が選択的に脱メチル化される背景であると考えられている．卵子由来の DNA は初期発生の細胞分裂に伴い受動的に脱メチル化される．このゲノム全般にわたる脱メチル化は**リプログラミング**とも呼ばれ胚の正常な発育に必須である．一方で，インプリント遺伝子はこの脱メチル化を回避する．

なお，インプリント遺伝子は卵子や精子特異的にすり込まれた情報（メチル化等）を持ち，受精後の脱メチル化を回避し哺乳類の胚の着床や妊娠時に重要な働きをする．X 染色体は哺乳動物では雌で 2 本，雄で 1 本である．雌の胚では，発育初期の段階で X 染色体上の遺伝子発現量が雄の胚より多いことがわかっている．発育が進むにつれ一方の X 染色体の転写が抑制される形態である

ヘテロクロマチンになり，発現量の量的補償が行われる．胚体に分化する細胞では，精子あるいは卵子由来の X 染色体がランダムに不活化されている．

11.4 母性因子の適切な管理が胚発生には重要である

卵子は大量の mRNA，タンパク質を蓄えておりこれらは核成熟，受精や初期発生に重要である．この因子を**母性因子**と呼ぶ．一方で，ZGA までにこれらの母性因子の消失が良好な胚発生に必要とされており，受精後に活発なオートファジー（細胞内分解システムのひとつ）による分解が行われている．初期胚でのオートファジーを活性化させると胚の発生率が改善するという報告もあり，母性因子の適切な管理は胚の発育に重要である．広範な遺伝子発現パターンの変化は初期発生の ZGA 時期に加えて胚盤胞期胚に至る時期でも起こる．ZGA はウシでは 8〜16 細胞期，ブタでは 4 細胞期，マウスでは前核期後半から 2 細胞期そしてヒトでは 4〜8 細胞期とされている．コンパクションはウシやブタでは 16〜32 細胞期，マウスでは 8 細胞期，ヒトでは 4〜16 細胞期とされている．

11.5 初期胚から胚盤胞期胚に向けて胚の形態は大きく変化する

割球間の差異は，胚の外側に面している，または，内側に面しているといった極性に関わる差に起因している．これらの差は特定の遺伝子発現の差と関連づけられる．マウスでは，極性のない内部の細胞で Hippo シグナルの活性化と YAP の核外局在が *Cdx2* 遺伝子の発現を抑制し，一方で，極性のある外側の細胞では Hippo が不活化して YAP が核内に局在し栄養膜細胞に特異的に発現する CDX2 の発現を促すような仕組みが明らかになってきている（図 11.4）．この内部細胞塊と栄養膜細胞に分化する背景には動物種ごとの差がある．胚の外側の割球では Na^+/K^+-ATP アーゼ（膜貫通タンパク質）により胚の内側に Na^+ が汲み入れられ水分が誘引されることで胞胚腔が形成される．栄養膜細胞間では強固な密着結合（tight junction）が生まれる．胚の内部の内部細胞塊は，胎盤以外のものすべてに分化できる能力があり，胚から採取した内部細胞塊の細胞を他の胚に外科的に外挿すると体のすべての組織にランダムに分化して，異なる個体に由来する細胞が混在した個体キメラ（chimera）になる．また，こ

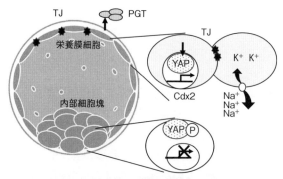

図 11.4　胚盤胞の栄養膜細胞と内部細胞塊

胚盤胞では，栄養膜細胞間に密着結合（TJ：tight junction）が形成されており Na^+/K^+-ATPアーゼが胞胚腔の形成に寄与している．栄養膜細胞と内部細胞塊ではHippoシグナルの下流であるYapの核内局在が異なり，栄養膜細胞に必要な遺伝子産物が生成される仕組みがマウスで示されている．胚盤胞期胚の割球の一部を使い着床前遺伝学的検査を行うことができる．

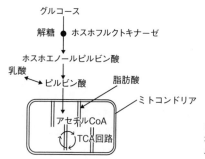

図 11.5　解糖系とピルビン酸の代謝

グルコースは解糖系でピルビン酸にまで分解され，ピルビン酸や脂肪酸はTCA回路を介してエネルギー産生に用いられる．

の内部細胞塊はES細胞の形成に用いられる．

11.6　胚の発育に伴い代謝は大きく変化する

　初期胚のエネルギー代謝は解糖を担うホスホフルクトキナーゼの発現がほぼないため，ピルビン酸や乳酸を用いた酸化的リン酸化反応に頼っている（図11.5）．そのため，良質なミトコンドリアが卵子に十分に存在することが必要であり，加齢などにより卵子中のミトコンドリアの数が減少し，その質が低下すると，胚の発生に重篤な影響が出る．初期胚はグルコースの利用が極めて低く，

高濃度のグルコースに曝露されると発生が停止する．一方で，胚盤胞期胚前に
なるとエネルギー要求量が増え，解糖系を介したグルコースの利用が飛躍的に
高まる．また，ミトコンドリアの数が増えその形態も変化する．胚発生を支持
するエネルギー源としては，グルコース，乳酸，ピルビン酸，アミノ酸などが
よく調べられ，胚の培養液に反映されているが，他にも短鎖脂肪酸など重要な
働きを持つ物質も多い．卵子にはエネルギー源として大量の脂質が蓄えられて
いる．この脂肪は卵子の核成熟などに使われる．一方，この脂質の蓄積量には
大きな動物種差があり，非常に多いものがブタ，次にウシ，少ないものはマウ
スおよびヒトである．

11.7 胚の正常性は様々な基準で評価される

　胚の正常性の評価は家畜の胚でもヒトの胚でも形態的に行われている．胚に
占めるフラグメントや割球サイズ，胞胚腔や内部細胞塊を対象に評価するがウ
シの場合は国際胚移植学会（IETS：International Embryo Technology Society）
の定めた評価基準，ヒトではガードナー分類やヴィーク分類などの指標が用い
られている．一方で，形態からでは判別できない異常もある．たとえば染色体
の数が異なる事例である．倍数性が異なる胚は多精子受精に起因する場合がほ
とんどである．また，特定の染色体の数が多くなる（トリソミー，trisomy），
少なくなる（モノソミー，monosomy）といった事例もあり，これらは母体の
加齢とともにその頻度が増加し，流産の原因となる．また，胚が重篤な生産病
（ウシ）や疾病（ヒト）の遺伝子を保有しているのかどうかも胚の選抜の基準に
なりうる．着床前遺伝学的検査（PGT：preimplantation genetic testing）では
胚から切り取った一部の割球を対象に PCR や次世代シーケンサーが用いられ
る．近年では，胚の発育を経時的に観察できるタイムラプスインキュベーター
の利用が進んでおり，発生動態と胚の正常性に関する集積データから正常性を
診断するようになっている．

11.8 胚の保存は広く行われている

　胚の保存は，家畜では胚盤胞期胚で緩慢凍結法を用いて行われている．凍結
にはグリセリンやエチレングリコールといった細胞透過性の高い凍害防止剤

（耐凍剤）とスクロースのような非透過性の凍害防止剤を用いて胚を脱水するとともに細胞内の氷晶形成を避けつつ低温域でガラス化状態にする．また，ヒトの胚ではガラス化凍結法がとられている．ガラス化凍結法は高濃度の DMSO（dimethyl sulfoxide），エチレングリコールやスクロース等の凍害防止剤を含む保存液を用いて短時間に脱水し，液体窒素に浸漬してガラス化を行う手法である．胚の保存はヒトでは妊娠の機会を増やすために行われる．家畜では子ウシの生産のために凍結保存された胚が広く流通している．

11.9　胚の発育を支える未知の因子がたくさんある

卵管の内部で胚は桑実胚期まで発育し，子宮に到達する．胚盤胞期以降で胚が母体と相互作用を行うことはよく知られており，たとえばウシはインターフェロン・タウ（IFNτ）を介して妊娠のための相互作用を母体と行う．この分泌物は黄体の存続を促し，妊娠を成立させるのに必須である．一方で，初期胚でも IFNτ は発現している．さらに，胚の存在が卵管上皮の遺伝子発現を変えることから，胚は初期発生の時点で母体と相互作用をしていると考えられる．また，卵管の内部には体外培養の条件に反映されていない因子が無数にある．たとえば，卵管内には小さな細胞外小胞があり，内部には miRNA や mRNA が含まれている．卵管中の miRNA が胚の発育を支持する報告もあり，体内発育に近い体外培養環境の構築は道半ばともいえる．

11.10　体外での培養方法や父親・母親の曝露される環境は胚の質や予後にも影響する

父親や母親が曝露される環境が配偶子の DNA のメチル化状態に反映され，これが受精後に胚を経て子供になった後もその健康リスクに影響する可能性が指摘されている．また，受精後の初期胚が曝露される環境が産子の健康リスクに影響することも示されている．ウシでは体外受精発育胚に由来する子ウシの体重が異常に大きくなることが示されており，この原因のひとつにインプリント遺伝子の発現異常が指摘されている．胚移植に広く併用される胚のガラス化や凍結保存においても，胚中のオルガネラが傷つき，DNA のメチル化等が変化して，受胎率や産子に影響を与えることがわかっている．そのため，凍結保存に起因する障害とその抑制方法には今後の研究が必要である．

おわりに

　胚発生の再現技術はさらに一般化され，広く研究や産業に応用されていくと思われる．細胞の初期化に関わるリプログラミングや割球の運命を決定する仕組み，そしてそのエピジェネティックな変化を支配する因子の解明は，胚を活用していくうえでの基盤知識となる．また，動物の保護や復活のために初期胚の技術の利用対象を，野生動物にまで広げていくと，ほとんどの動物種で胚発生は未知である．

12

胚の初期分化

はじめに

　本章では，第11章に記述のある受精から胚盤胞に至るまでの哺乳類の初期胚発生において，細胞が全能性を持つ状態から次第に分化能が制限され，内部細胞塊と栄養外胚葉への細胞の運命決定が行われる過程，その後の胎子の三胚葉分化の過程および胎盤・胎膜を含む胚外組織の初期分化の過程を扱い，第13章「胎盤」や第14章「妊娠・分娩」につなぐ．

　たった1つの細胞（受精卵）からの哺乳類の個体の形成は，リプログラミングを経た未分化な状態からの三胚葉分化というほとんどの動物に共通する分化に加えて，哺乳類特有の胚外組織の構成要素の分化も前提としている．これらの分化過程には動物種間で共通性や特殊性があり，その理解は，哺乳類の資源動物としての利用，ヒトや家畜に適用する発生工学や生殖補助技術のさらなる発展の基盤となる．

12.1　胚の初期分化の概要

　受精後の初期胚は哺乳類の細胞・組織の中で唯一，厳密な意味での**全能性**（totipotency）すなわち，それ自身ですべての組織に分化できる単一細胞の能力を持つ．全能性の獲得は，受精後に起こる**リプログラミング**の結果であり，その後，**胚性ゲノムの活性化**（ZGA）に伴う一過的な遺伝子群の転写状態とその停止の結果として全能性喪失が起こると考えられている（12.2節）．

　最初はすべての割球が胚の外側に細胞表面を持つが，細胞分裂が進むにつれて胚の外側に位置する割球とそれらに囲まれて内側に位置する割球が生じる．細胞の位置と分化運命のどちらが先に決まるのかは決着がついていないが，外側の細胞では**頂端側**（胚表面側）と**基底側**（他の割球と接する面）という**極性**が生じ，頂端側における，極性形成に関わるタンパク質複合体の局在や**密着結合**（tight junction）の形成等の，上皮細胞の極性化（polarization）に共通する

変化が起こる．極性化は，割球同士が広い接着面で密着し胚全体の表面積が縮小する**コンパクション**（compaction）と並行して起こる．コンパクションには細胞接着分子**E-カドヘリン**（E-cadherin）が必須であり，E-カドヘリンは**接着結合**（adherens junction）や糸状仮足の構成要素となり細胞間の密着に寄与する．胚の内側の細胞の細胞質では接着結合付近に存在する足場タンパク質によって**Hippo シグナル**が活性化され，一方外側の細胞では極性情報により接着結合から足場タンパク質が遠ざかることによって Hippo シグナルが不活性に保たれるというモデルがマウスで得られている（12.3 節，図 12.1）．

マウス胚の外側の細胞では Hippo シグナルが不活性に保たれることで転写共役因子 **YAP** が核内に存在し，転写因子 **TEAD4** と協調して **CDX2** 等の発現が促進され**栄養外胚葉**（TE：trophectoderm）へ分化する．一方，内側の細胞では Hippo シグナルの活性化により YAP はリン酸化されて細胞質にとどまり CDX2 の発現が抑制され，**OCT4**，**NANOG** といった転写因子が発現して**内部細胞塊**（ICM：inner cell mass）への分化やその**多能性**の維持に働く（12.4〜12.5 節）．

内部細胞塊は**エピブラスト**（epiblast）と**原始内胚葉**（primitive endoderm）に分化し，エピブラストから胎子組織のすべてと**羊膜**，**尿膜**，胚外中胚葉が，原始内胚葉から**卵黄嚢**が分化する．胚外中胚葉と栄養外胚葉からは**絨毛膜**が分化する（12.6〜12.9 節，図 12.2）．

12.2 　初期胚は全能性を持ち胚性ゲノムの活性化（ZGA）後にそれを失う

哺乳類の初期胚発生については第 11 章に記述されているが，1 細胞期胚および初期の細胞分裂で生じる割球（blastomere）は，胎子と胎盤を含むすべての組織に分化し個体を形成しうる能力すなわち全能性を有している．単一割球の全能性はマウスでは 2 細胞期まで，ウシでは 4 細胞期まで確認されている．全能性の獲得は受精後に起こるリプログラミングの結果である．リプログラミングとは，分化した細胞（受精においては卵母細胞と精子）特有のエピジェネティック修飾（DNA 配列の変化を伴わずに遺伝子機能を制御している生化学的修飾）が，卵細胞質の持つ特性によって変化する過程である．その代表的な変化として，もともとメチル化レベルが高い精子由来（父性）DNA の急速な脱メチル化，卵母細胞由来（母性）DNA の比較的緩やかな脱メチル化がある．

一方で，DNA メチル化の父性母性ゲノム間での差異による片親性発現機構（**イ
ンプリンティング**）に関わる領域など，受精後の DNA の脱メチル化を逃れる
領域もある．また，父性クロマチンのプロタミンのヒストンへの置換，父性母
性クロマチンのヒストン修飾のメチル化，アセチル化等の変化もリプログラミ
ングに伴うエピジェネティック修飾の変化に含まれる（第 11 章，図 11.2 参照）．
初期胚が全能性を喪失し，構成する細胞の分化能が多能性（pluripotency）に
移行していくメカニズムはわかっていないが，全能性喪失は胚性ゲノムの活性
化（ZGA，第 11 章参照）の結果として起こると考えられている．ZGA によっ
て，1 細胞期に続いて全能性を有している初期分割期の割球に，転移因子（trans-
posable elements），各種の転写因子やクロマチンリモデリング因子を含む一群
の遺伝子（マウスでは MERVL elements, *Dux, Zscan4* など）の活性化で特徴
づけられる一過的な転写ネットワークが構築される．全能性から多能性への移
行にはこの特徴的な転写ネットワークの停止が必要と考えられている．また，
ZGA で活性化する遺伝子のプロモーター領域でのヒストンメチル化の変化が
観察される（その変化の仕方には種間差がある）など，ZGA へのエピジェネ
ティック修飾の関与も強く示唆される．

12.3 初期胚の割球にはコンパクションと並行して極性化するものがでてくる

　全能性を持つ間の割球は少なくとも分化能力および細胞運命の観点からは等
価といえよう．この等価性がいつどのように失われるかについては結論が得ら
れていない．マウス胚の細胞運命決定については，16 細胞期に胚の内側・外側
に位置する細胞がそれぞれ内部細胞塊（ICM：inner cell mass）・栄養外胚葉
（TE：trophectoderm）に分化するという「Inside-Outside モデル」と，8 細胞
期の各割球の胚表面側（頂端側）と他の細胞と接する側（基底側）という極性
に着目し，その後の細胞分裂を通じて極性を保ったまま（つまり胚の外側に位
置したまま）生じた娘細胞が TE に，極性を失った（つまり胚の内側に生じた）
娘細胞が ICM に分化するという「極性モデル」が提唱されている．両者の違い
は「位置決定が先か運命決定が先か」である．また，より早い時期にすでに細
胞運命が決まっているとする，両モデルに一致しない知見もある．

　マウスやヒトの初期胚では 8〜16 細胞期に，隣接する割球同士が互いの接着
面積が広くなるように，それまでの球形から平坦化して密着し，胚全体の表面

積が縮小するコンパクションが起こる. この細胞同士の密着にはCa^{2+}イオン依存性の細胞接着分子E-カドヘリン (E-cadherin) が関与している. 膜貫通タンパク質であるE-カドヘリンは, 細胞膜直下の連結タンパク質β-カテニン (catenin) およびβ-カテニンと結合しているα-カテニンを介して細胞質内のアクチンフィラメントと連結して接着結合を形成するほか, 細胞表面から伸びて隣接する細胞に貼りついて引っ張る力を与える糸状仮足にも分布し, これらの細胞接着機構によりコンパクションが引き起こされる.

コンパクションと並行して起こるのが割球の極性化である (図12.1). 初期胚に限らず, 同一細胞内における外部環境に直接接する頂端側と, 基底膜や他の細胞と接する基底側の機能・構造的差異 (極性) の成立は上皮細胞に共通するイベントである. 極性のある上皮細胞の特徴として, 接着結合よりさらに頂端側の細胞接着面にはクローディンやオクルディン等の細胞接着分子で構成される密着結合 (tight junction) が形成され, 細胞層の内外の分子の漏れを阻止している. マウスの初期胚においても32細胞期までに密着結合が機能するようになり, 胚の内側に流入する水 (第11章参照) は漏れずに蓄積し, 胚盤胞の特徴である胞胚腔 (blastocoel, blastocele) が形成される.

上皮細胞の極性化に関わる因子として線虫から哺乳類まで広く保存されているシステムに, PAR3, PAR6, 非定型プロテインキナーゼC (aPKC：atypical PKC) からなる複合体があり, 初期胚でも外側の割球では頂端部 (apical domain) の細胞膜直下にPAR3-PAR6-aPKC複合体が局在するようになる. PAR3-PAR6-aPKC複合体は, 密着結合に必要なタンパク質をリクルートしてその形成を促進し, 極性形成の起点を構築するなど, 他の上皮細胞と同様に初期胚の極性形成においても重要である.

E-カドヘリン-カテニン-アクチンフィラメントが担う接着結合と相互作用する足場タンパク質AMOTが, 細胞の極性情報と対応したHippoシグナル (第11章および12.4節参照) の切り替えに関与していることが示唆されている. マウス初期胚では16細胞期以降に, 外側の細胞ではAMOTは頂端側の細胞膜下に存在しているが, 内側の細胞ではE-カドヘリン-カテニン-Merlin-AMOT複合体をつくって細胞接着面の細胞膜下に存在する. 結果的に接着結合付近に存在するこのAMOTは, Hippoシグナルの構成要素であるLATS1/2キナーゼとの相互作用により同シグナルを活性化する. 一方, 外側の細胞では, 極性情報により接着結合からAMOTは遠ざかり, Hippoシグナルが不活性に保たれ

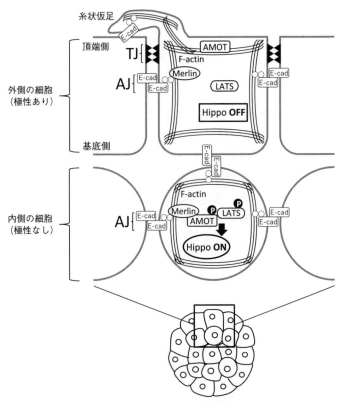

図 12.1 マウス初期胚における細胞の極性，細胞接着分子，アクチンフィラメント，ICM と TE の分化に重要な Hippo シグナルの関係
TJ：tight junction（密着結合），AJ：adherens junction（接着結合），E-cad：E-カドヘリン（12.3 節，12.4 節）．

ると考えられている（図 12.1）．

12.4 Hippo シグナルの活性の有無は ICM と TE への分化を制御する

前節で述べた Inside-Outside モデルと極性モデルのいずれにおいても胚の外側・内側という違いは重要であり，マウスでは 32 細胞期になると内側の細胞では Hippo シグナルが活性化する．Hippo（もともとショウジョウバエでみつかった遺伝子の名前で，哺乳類のホモログは Mst1/2）はキナーゼであり，下流の LATS1/2 キナーゼをリン酸化して活性化する．LATS1/2 は転写共役因子の

YAP（TAZ という YAP のパラログもある）をリン酸化し，YAP が核内に移行するのを阻害する．

　逆に外側の細胞では Hippo シグナルが不活性なままであり，上記の一連のキナーゼ反応が起こらず，YAP が核内に移行する（第 11 章，図 11.5 参照）．核移行した YAP は転写因子 TEAD4 と複合体を形成して TE 特異的遺伝子（*Cdx2* や *Gata3* など）の発現を促進することにより TE への分化を促進する．ホメオボックス遺伝子である *Cdx2* を欠損したマウス胚では，胞胚腔を形成できるがそれを維持できず，着床前に致死となる．*Tead4* 欠損マウス胚では桑実胚期の後，細胞増殖はみられるが胞胚腔形成が起こらず，CDX2 発現も消失していることから，TEAD4 は TE の分化に重要な役割を果たしていることがわかる．一方内側の細胞では，Hippo シグナルの活性化は，*Cdx2* 発現の抑制を通じて *Oct4* や *Nanog* といった ICM で優勢に働く遺伝子の発現を促すほか，*Cdx2* 発現抑制を介さない経路で別の ICM 特異的転写因子である *Sox2* の発現を促進し ICM への分化が起こる．

12.5　ICM には多能性に関わる転写因子が発現する

　ICM は，胎子のすべての組織（および胚外組織の一部）に分化することのできる多能性を持つ．一般には胎子のすべての組織に分化する能力を以て，ICM，ICM から分化するエピブラスト（epiblast），ICM から培養条件下で人為的に作製される胚性幹細胞（ES 細胞：embryonic stem cells）の多能性が定義される．マウスの桑実胚の個々の細胞では，転写因子 CDX2 が，代表的な多能性因子として知られる転写因子 OCT4（POU5F1）とともに発現しているが，胚盤胞の形成が進むにつれて TE に CDX2 が，ICM に OCT4 が局在するようになる．これについては，CDX2 と OCT4 の両者が互いの発現を抑制するようになるモデルが提唱されている．ヒト，ウサギ，ウシ等の胚盤胞では，この OCT4 と CDX2 の相互排他的な発現が最初はみられず，CDX2 は TE に局在するものの OCT4 の発現は ICM，TE の両方にみられ，この時期に互いの発現抑制は起きていないと考えられる．しかし，これらのマウス以外の種においても，発生が進んだ後期の胚盤胞では OCT4 の ICM への局在がみられるようになる．*Oct4* 欠損マウス胚は形態的には正常な胚盤胞を形成し着床するが，本来であれば ICM から分化するエピブラストなどが形成されずに着床直後に致死となる．*Oct4* 欠損胚

では形態上の ICM に TE マーカーが発現することから，OCT4 の働きは TE への分化を阻止することによって ICM の機能分化を促していることと考えられている.

　ホメオボックス遺伝子産物のひとつ NANOG も ICM の多能性に関わる主要な転写因子である. *Nanog* 欠損マウス胚でも形態的に正常な胚盤胞形成が起こり，着床後エピブラストが正常に形成されずに致死となることは *Oct4* 欠損胚に類似しているが，*Nanog* 欠損胚では *Oct4* 欠損胚で起こる ICM の TE への分化は起こらない. このことから，NANOG は，OCT4 による ICM 機能分化後にエピブラストにかけて多能性の維持に寄与していると考えられている.

　マウス初期胚において転写因子 SOX2 の mRNA は桑実胚期に内側の細胞で発現を開始し，その後 ICM 次いでエピブラストに発現が局在する. OCT4 や NANOG と異なり SOX2 タンパク質は ICM と TE の両方にみられるが，ICM では核に優勢に，TE では細胞質に存在する. *Sox2* 欠損マウス胚の表現型は *Oct4* 欠損の場合と同様に，着床後のエピブラスト形成の不全と ICM の TE 化を伴う胚致死である. また，*Sox2* 欠損 ES 細胞は，*Oct4* 発現を制御する他の遺伝子の発現の変化を通じて *Oct4* 発現が低下し多能性を失うが，これは *Oct4* の強制発現によって回復する. これらのことから，SOX2 は OCT4 の発現量を高く保つことによって多能性の維持に寄与していると考えられている. また，SOX2 は OCT4 と複合体をつくって標的遺伝子の発現に対して協調的に作用することが ES 細胞で示されている.

12.6　ICM はエピブラストと原始内胚葉（ハイポブラスト）に分化する

　胚盤胞の内側に位置する ICM は，エピブラストと原始内胚葉（primitive endoderm，またはハイポブラスト：hypoblast）に分化する. マウスでは，ICM を構成する細胞が，ともに転写因子である NANOG と GATA6 のどちらかを優勢に発現する細胞系列に分かれる. はじめは両系列の細胞は ICM 中に散在しているが，やがて GATA6 優勢細胞が ICM の胞胚腔側に集まって単層上皮を形成し原始内胚葉となり，TE の胞胚腔側を覆うように増殖していく. 一方，NANOG 優勢細胞はエピブラストを構成する. 簡明のため，以下の節でエピブラスト，原始内胚葉，TE の視点からそれぞれの分化について記述するが，これらの分化は並行して起こる（図 12.2）.

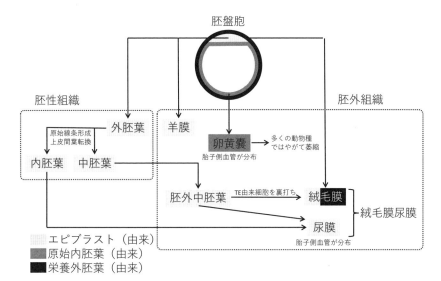

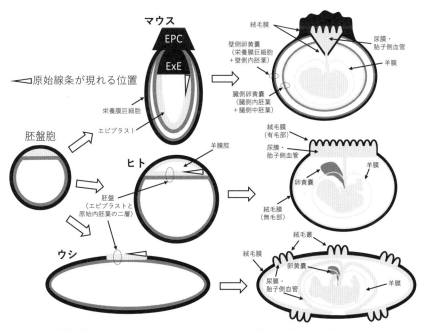

図 12.2 後期胚盤胞を構成するエピブラスト，原始内胚葉，栄養外胚葉からの分化を3色の色分けにより模式的に表した．EPC：外胎盤錐，ExE：胚外外胚葉

12.7 エピブラストは胎子組織のすべてと一部の胚外組織に寄与する

エピブラストは胎子組織のすべての細胞に分化するが，分化過程でのエピブラストが形成する構造は動物種間で異なっており，マウスでは egg cylinder 型，ヒト，ウサギ，ブタ，ウシなどでは flat disc 型である．egg cylinder 型では，エピブラストは原始内胚葉と接したまま杯状にくぼんだ構造を形成する．一方，flat disc 型では，エピブラストと原始内胚葉が重なった部分は胚盤（embryonic disc）と呼ばれる円盤状の構造を形成する．ウサギ，ブタ，ウシでは ICM と接していた TE（極栄養外胚葉）がアポトーシスによって除かれるので，エピブラストは外環境に露出される．三胚葉分化を伴う原腸陥入は，このように原始内胚葉と二層性の構造を形成したエピブラストの一端に現れる原始線条（primitive streak，原条）で起こる．原始線条はエピブラストの細胞の増殖と正中面への移動，隆起によって形成され，さらにエピブラストの一部の細胞は上皮細胞から間葉細胞へ転換（上皮間葉転換）しエピブラストの下に遊走する．このエピブラストの下に遊走した間葉細胞は，原始内胚葉の細胞を押しのけて胎子の内胚葉組織のもと（胚性内胚葉）となるとともに，さらに間葉細胞はエピブラストと胚性内胚葉との間に胎子の中胚葉組織のもと（胚性中胚葉）も形成する．上皮のまま残ったエピブラストの細胞は胚性外胚葉であり，こうして胎子の組織形成に向けたエピブラストからの三胚葉分化が成立する．またエピブラストは，胎子を直接覆う胎膜である羊膜（amnion），TE 由来の細胞とともにそれらを裏打ちして絨毛膜（chorion）を構成するようになる胚外中胚葉，絨毛膜と接着して胎子側胎盤を形成することになる尿膜（allantois）にも分化する．

12.8 原始内胚葉は卵黄嚢を形成する

ICM から分化した原始内胚葉は前節で述べたようにエピブラストとともに胎子の三胚葉分化の場となる二層性の構造を形成するほか，エピブラストに接していない部分は TE の内側を覆うように増殖していく．TE の内側表面を覆った原始内胚葉は，卵黄嚢（yolk sac）を形成する．マウスでは，エピブラスト由来の臓側中胚葉と接して形成される臓側卵黄嚢（visceral yolk sac）と，TE 由来の栄養膜巨細胞（trophoblast giant cell）と接して形成される壁側卵黄嚢（parietal yolk sac）にさらに分化し，最終的に胎子の周囲最外層を 2 種類の卵

黄嚢が覆う特殊な構造ができる．一方，ヒトを含む多くの哺乳類では卵黄嚢は臍帯に隣接する嚢状の組織となり，卵黄嚢には胎子とつながる血管が分布し，絨毛膜尿膜胎盤（chorioallantoic placenta）が形成されるまで胎子の循環器系として機能するがその後萎縮する．

12.9 TE は一部の ICM 由来の組織とともに胚外組織を形成する

TE は胚外組織に分化するが，その分化の様相はやはり動物種によって異なる．しかし，エピブラスト由来の胚外中胚葉や尿膜とともに絨毛膜尿膜胎盤の形成に至ることは真獣類に共通している（哺乳動物は単孔類・有袋類・真獣類に分類される）．

透明帯から脱出した後，着床が起こる頃のマウスの胚盤胞では，ICM に接している方の TE（極栄養外胚葉）は増殖し，外胎盤錐（EPC：ectoplacental cone）と胚外外胚葉（ExE：extraembryonic ectoderm）への分化が進む．一方，ICMと反対側の TE（壁栄養外胚葉）は核内倍加により巨核化した栄養膜巨細胞となる．ICM 由来のエピブラストは EPC と ExE からなる組織の反対側に細長く杯状に落ち込み，胚齢 6.5 日には egg cylinder（12.7 節参照）を形成している．またこのとき，EPC の最外層も EPC 由来の栄養膜巨細胞に覆われるようになる．着床後に ExE はさらに増殖し，エピブラスト由来の中胚葉性の細胞（胚外中胚葉）で裏打ちされた絨毛膜（chorion）を形成する．尿膜が胚性内胚葉（12.7節参照）と胚外中胚葉から形成され，尿膜には胎子とつながる血管が分布するようになる．血管に富む尿膜は拡張し，絨毛膜と融合することによって絨毛膜尿膜（chorioallantois）が形成され，胎子側胎盤の原型となる．

ヒトの胚盤胞の場合，TE は球形の構造を維持したまま着床し，最外層は合胞体性栄養膜細胞（syncytiotrophoblast）と呼ばれる多核の細胞となって子宮内膜に浸潤していく．合胞体性栄養膜細胞の内側には細胞性栄養膜細胞（cytotrophoblast）が分布する．栄養膜と卵黄嚢は最初接しているが，やがてその間にエピブラスト由来の胚外中胚葉が形成され，かつ胚外中胚葉内にできた空隙が拡大して腔（絨毛膜腔）を形成する．胚盤を含む構造はこの腔の端に位置するようになり，そこで原始線条の形成に始まる胎子の形態形成が起こるとともに，母体の子宮組織との結合部（絨毛膜有毛部）が形成される．

反芻動物の胚盤胞の場合，ヒトやマウスのそれのように透明帯から脱出後子

宮内膜に浸潤することはなく，子宮の内腔にとどまったまま TE の伸長(elonga-tion)が起こり胚は細長い形になる．胚盤の形はヒトと同様に二層性の flat disc 型であるが，前述のように胚盤は外部環境に露出する．TE の内側が原始内胚葉に覆われ卵黄嚢が形成され，絨毛膜と尿膜の融合により絨毛膜尿膜が形成されることは伸長胚でも同じだが，一群の絨毛の形成が絨毛膜尿膜の多数の場所に散在して起こって絨毛叢（cotyledon）を形成し，多数の絨毛叢が子宮内膜の組織と嵌合することが反芻動物の TE の分化の特徴である（第13章参照）．

おわりに

　　たった1つの細胞からなる初期胚が，最初は全能性を持つ状態から，ZGA を経て全能性を失い，細胞の位置や極性情報によって細胞運命が決定づけられ，胎子，胎盤を含むすべての組織に分化する過程をみてきた．本章で取り上げた分子機構はある程度知見が確立しているものであり，初期胚の発生や分化に関わる可能性のある因子は他にも多く存在し，現在も世界中で研究が進んでいる．今後，動物種によるメカニズムの違いを含めていっそう知見が蓄積していくことが期待される．

13

胎　　盤

はじめに

　前章までみてきたように，哺乳類（ただし，単孔類以外）の受精卵は大きく形態を変えながら卵管の中を移動し，胚盤胞となって子宮に到達する．胚盤胞が子宮に**着床**（implantation）すると，妊娠の維持に必須の器官である**胎盤**（placenta）が形成される．

　胎盤は，必ずしも哺乳類だけが持つとは限らない．たとえば，サメの中には卵を子宮内で孵化させる卵胎生の種があるが，それらの中には，稚魚の成長過程で卵黄が枯渇すると**卵黄嚢**（yolk sac）が子宮組織に密着し，母体から栄養分などの供給を受ける**絨毛膜卵黄嚢胎盤**（choriovitelline placenta，図13.1左）を形成するものがある．同様の胎盤は，一部のトカゲでもみられる．さらに，タツノオトシゴは雄の腹部にある育児嚢の中で卵を孵化させ稚魚を育てる独特の繁殖様式を持つが，育児嚢内の稚魚のまわりに胎盤様構造が形成されることが近年報告されている．すなわち，雄でも胎盤を持ちうるのである．

　一方，哺乳類であっても，カモノハシやハリモグラなどの単孔類は卵生であり，もちろん胎盤は形成されない．また，ほとんどの有袋類は絨毛膜卵黄嚢胎盤のみを形成する．胎盤におけるガスなどの物質交換は，母体と胎子の血液が近接する部分の面積が大きいほど効率的になるが，絨毛膜卵黄嚢胎盤ではその面積があまり大きくないため胎盤としての機能は限定的で，有袋類の胎子は未熟な状態で生まれ育児嚢（いわゆる，袋）の中でさらに育てられる．なお，単孔類と有袋類以外の哺乳類である真獣類を有胎盤類と呼ぶ場合もあるが，これは，厳密にいうと，誤解を招きかねない誤った呼称である．

　本章では，真獣類が，**絨毛膜**（chorion）と**尿膜**（allantois）を変化させて形成する**絨毛膜尿膜胎盤**（chorioallantoic placenta，図13.1右）に焦点を当て，まず，胎盤形成の開始点となる着床について概説することから始める．

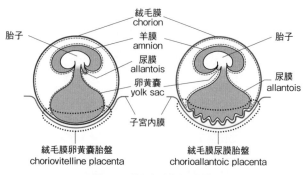

図 13.1 胎盤を形成する胎膜

哺乳類以外の動物やほとんどの有袋類は卵黄嚢と絨毛膜から胎盤を形成し，真獣類は絨毛膜と尿膜から胎盤を形成する．ただし，真獣類においても，妊娠初期に絨毛膜と卵黄嚢が密着し一時的に胎盤として機能する例がある．なお，chorion を漿膜とし chorioallantoic placenta を漿尿膜胎盤と記載する場合や，単に絨毛膜胎盤と称する場合もある．同様に，絨毛膜卵黄嚢胎盤も，単に卵黄嚢胎盤（yolk-sac placenta）と称される場合もある．

13.1 胎盤の概要

　透明帯から脱出した真獣類の胚盤胞は，**子宮内膜**（endometrium）上皮との接着による相互作用，結合の確立，子宮内膜への侵入などによる母体への固定，の3つの段階を経て着床する（13.2節で後述）．着床後，胚盤胞の**栄養外胚葉**（TE：trophectoderm）に由来する**栄養膜細胞**（trophectoderm）が主に構成する絨毛膜と，内部細胞塊に由来する胚体外中胚葉細胞でつくられた尿膜から，各動物種に固有の構造を持つ胎盤が形成される．13.3節にいくつかの例をあげるように，着床の様式は，ブタやウシのように胚盤胞が子宮内膜上皮上にとどまったままのものから，ヒトのように，子宮内膜に形成された**脱落膜**（decidua）の内部に胚盤胞全体が埋没するものまで，種によって大きく異なる．着床が成立するためには，子宮が着床に備えた状態にある必要がある．その状態にある時期は**着床ウィンドウ**（window of implantation）とも呼ばれ，その制御にはステロイドホルモンが重要である（13.4節参照）．

　着床後の胎子の成長のためには，母体の血液から胎子の血液へ栄養分と酸素が供給され，逆に不要な老廃物と二酸化炭素が回収される必要がある．胎盤は，これらを効率よく行うために発達させた，一時的に形成される特殊な器官ということができる．しかしそこで選択された戦略もまた動物種によって様々で，

異なった形態や構造を持つ胎盤が形成される（13.5 節で詳述）．このような多様性は，どのようにして生じているのだろうか．この謎への答えはまだ得られていないが，進化の過程で生殖系列に感染しゲノム DNA に取り込まれた内在性レトロウイルスも，着床様式や胎盤の構造の多様性に寄与しているのではないかという考え方がある（13.6 節参照）．

　初期胚由来幹細胞を用いた**胚盤胞様構造体**（blastoid）の作製技術，および子宮内膜オルガノイドの作製に関する研究が進み，子宮の中で進行するためこれまで我々が目にすることができなかった，着床と初期の胎盤形成過程を *in vitro* で再現することが可能になりつつある．これにより，今後，着床と胎盤形成に関する研究が大きく進展することが期待される．

13.2 　着床過程は apposition, adhesion, invasion の３段階で進む

　子宮に到達し，透明帯から完全に脱出した胚盤胞，あるいは透明帯の裂け目から部分的に脱出した胚盤胞は，栄養外胚葉を構成する栄養膜細胞が母体の子宮内膜上皮に直接接触し，相互作用を始める．この段階は **apposition** と呼ばれ，胚盤胞-子宮内膜間の結合は弱く，胚は子宮内膜からいったん離れ位置を変えることも可能とされている．ヒトの場合，リンパ球のホーミング受容体とも呼ばれる L-セレクチンが胚盤胞表面に発現し，そのリガンドである子宮内膜管腔面のオリゴ糖との結合が apposition でも機能していると考えられている．apposition による胚盤胞と子宮内膜との相互作用の結果，インテグリンなどの細胞接着分子の作用で胚盤胞は子宮内膜細胞により強固に接着（**adhesion** または **attachment**）する．動物の種によっては，栄養膜細胞は MMP-2 や MMP-9 などの作用により子宮内膜間質層まで侵入（**invasion** または **penetration**）し，胚全体が子宮内膜間質に潜り込む．以上の一連の過程を着床と呼び，着床後，胚盤胞の外壁を形成していた栄養外胚葉から，種に固有の様式を持つ胎盤が形成される．

13.3 　着床の様式は種によって異なる

　胚盤胞はどのように母体子宮組織と結合し着床するのか，その様式はおもしろいほど多様である．以下にいくつかの例をあげ，その多様性を紹介する（図

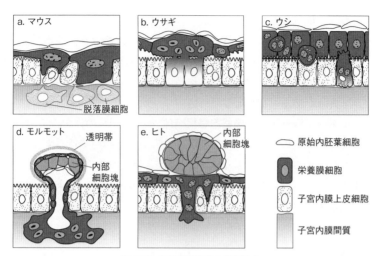

図 13.2 真獣類胚盤胞の着床様式

13.2).

13.3.1 マウスの着床様式

マウス胚盤胞の着床は,内部細胞塊に接していない,**壁栄養外胚葉**(mural trophectoderm)の部分で始まる.子宮管腔が閉じることで胚盤胞が子宮内膜に押し付けられ密着すると,胚盤胞は子宮内膜間質の脱落膜への分化を促す.また,胚盤胞周囲の子宮内膜上皮細胞はアポトーシスを起こし,栄養外胚葉の栄養膜細胞が分化した**栄養膜巨細胞**(trophoblast giant cell)による貪食で除去される.一方,脱落膜細胞は周囲の子宮内膜間質を再構築して胚を取り囲む(図 13.2a).

13.3.2 ウサギの着床様式

ウサギ胚盤胞では,栄養膜細胞が融合し合胞体化した trophoblastic knob が栄養外胚葉に現れる.trophoblastic knob は子宮内膜上皮細胞に接着し,さらにそれらとの間で細胞融合を起こす.この栄養膜細胞-子宮内膜上皮細胞合胞体をきっかけに,胚が間質に侵入する(図 13.2b).

13.3.3 ウシの着床様式

ウシでも栄養膜細胞と子宮内膜上皮細胞との融合が起こるが,胚盤胞は子宮

内膜間質に侵入せず上皮細胞上にとどまる．まず，栄養外胚葉の中に，胎盤性ラクトジェンやプロラクチン関連タンパク質などを発現する**2核細胞**が出現する（この2核細胞は，栄養膜細胞間の融合ではなく，細胞分裂を伴わない核分裂で生じると考えられている）．2核細胞の一部がさらに子宮内膜上皮細胞との間で細胞融合を起こし，3核のヘテロカリオンとなる．これらの細胞は成熟した胎盤でもみられる（図13.2c）．

13.3.4　モルモットの着床様式

モルモットの着床様式は非常に特徴的である．透明帯内にあるうちに内部細胞塊の対極に**合胞体性栄養膜細胞**（syncytial trophoblast）が形成され，透明帯越しに細胞突起を伸ばして子宮内膜に接着する．この細胞突起は子宮内膜上皮細胞下の基底膜も通過しながら胚盤胞全体を引き込み，結果的に，透明帯を子宮内膜上に置き去りにして胚盤胞が子宮内膜間質に潜り込む（図13.2d）．

13.3.5　ヒトの着床様式

生体内でヒト胚盤胞が着床する初期段階を観察することは不可能であるため，ヒトの着床様式は非ヒト霊長類の組織像観察などで得た知見に頼る部分が大きいが，ヒト胚盤胞はマウスとは異なり，内部細胞塊側の**極栄養外胚葉**（polar trophectoderm）の部分で子宮内膜に密着するとされている．内部細胞塊の近傍に合胞体性栄養膜細胞が形成され，子宮内膜上皮細胞の間に侵入，基底膜を貫通して間質内に到達する．その後，胚盤胞は，間質に到達した合胞体性栄養膜細胞内に移動し，子宮内膜間質に完全に埋没する（図13.2e）．

13.4　着床の成功は子宮の受け入れ状態に依存する

子宮の状態は，胚盤胞の受け入れ準備状況をもとに，**前受容期**（pre-receptive），**受容期**（receptive），**非受容期**（refractory）の3つの相に区別され，受容期でのみ着床が成立する．受容期は**着床ウィンドウ**とも呼ばれ，マウスでおよそ24時間，ヒトで48時間ほど継続するとされており，その制御には**プロジェステロン**（P4）と**エストロジェン**（E2）が重要である（第14章参照）．

たとえばマウスでは，排卵前に一過性に上昇したE2により，子宮内膜上皮細胞の増殖が誘導される．排卵後に形成した黄体からP4が分泌されて血中濃

度が上昇し，子宮内膜間質細胞の増殖が誘導される．交配後4日目の朝にE2が再上昇すると子宮は受容期に入り，胚盤胞の着床に備える．胚盤胞が着床すると，胚からのシグナルに応答して内膜細胞が脱落膜細胞へ分化誘導され，栄養外胚葉からの胎盤形成へと進行する．ヒトの場合は排卵前のE2の作用で脱落膜化が始まり，胚が着床しないと，形成された脱落膜は維持されずに崩壊し月経として体外に排出される．

マウスでは，交配後4日目のE2の上昇前に卵巣を摘出し，P4を継続的に投与して上昇した血中濃度を維持すると，胚盤胞は透明帯から脱出しても着床せず，発生が停止したまま子宮管腔内で生存し続ける，いわゆる遅延着床の状態をつくりだすことができる．E2の投与で着床とその後の発生を誘導することができるため，着床の制御機構を解析するモデルとして有用である．

13.5 胎盤の様式も種によって異なる

胚盤胞が着床すると，母体-胎子間の栄養/老廃物や，O_2/CO_2ガス交換の場である胎盤が形成される．物質交換を効率よく行うためには，母体の血液と胎子の血液をなるべく広い面積で近接させることが必要となるが，絨毛膜全面が子宮内膜に密着したとしても，成長する胎子の需要を満足させるのに十分な面積は確保できない．そこで，絨毛膜と子宮内膜の一部を折りたたんで相互に噛み合う（interdigitation）部分をつくることで，十分な面積の確保が図られている．多くの場合，interdigitation は**絨毛**と呼ばれる指状の突起構造をとる．絨毛が形成される領域こそが胎盤である．絨毛の絨毛膜上での分布，絨毛の形状，絨毛部分の母体-胎子境界面の微細構造などは，着床と同様に，種によって異なる．以下に，異なる観点に基づく胎盤の分類を2例紹介する．

13.5.1 胎盤の「かたち」による分類

絨毛の分布様式の違いにより，胎盤の外観（かたち）が異なる．一般に，真獣類の胎盤は，以下の4つのタイプに分類される（図13.3）．

a. 散在性胎盤（diffuse placenta）

絨毛膜の全面に絨毛が散在し一部に偏在しない．ウマ，クジラ，ブタ，ラクダや，下等霊長類でみられる．特にブタや下等霊長類の場合，複雑な inter-digitation は形成されず，絨毛膜が胎子側に向けて折りこまれた，枝分かれの少

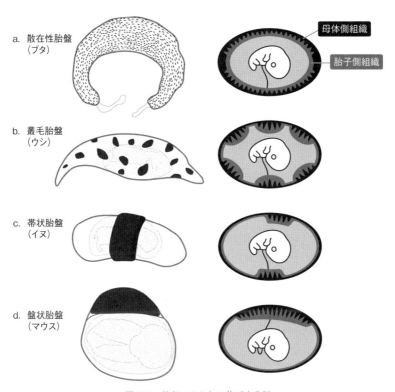

図 13.3 胎盤のかたちに基づく分類
左に代表的な動物種の胎子を包む絨毛膜の外観を，右にその内部構造と絨毛の分布様式を模式図で示した．左図の最も色の濃い部分が胎盤で，ブタの場合は細かい点線で表している．

ない「ヒダ」のような構造がつくられる（図 13.3a）．

b. 叢毛胎盤（cotyledonary placenta）

ウシ，ヤギ，ヒツジなどの反芻類にみられ，叢毛性胎盤，宮阜性胎盤と記載される場合もある．これらの動物の胚盤胞は着床前に細長く伸長して子宮内膜に接する．子宮内膜表面に隆起（caruncle，子宮小丘．宮阜，小阜とも呼ばれる）がパッチ状に形成され，それらに対応する位置の絨毛膜に，絨毛が分布する胎盤分葉（cothyledon）が形成される．子宮小丘と胎盤分葉は，スナップボタンのように噛み合い，絨毛膜を子宮内膜に固定する．胎盤分葉の数や大きさも種によって異なる（図 13.3b）．

c. 帯状胎盤（zonary placenta）

イヌ，ネコ，マナティー，ゾウなどにみられる胎盤で，絨毛膜の赤道部分を帯状に取り巻くように絨毛が分布する（図13.3c）．

d. 盤状胎盤（discoid placenta）

ヒト，サル，マウス，ラットなどにみられ，球状の絨毛膜の一極に絨毛が集合し，円盤状の胎盤が形成される．ただし，ツパイやアカゲザル，カニクイザルでは2つの円盤状胎盤が隣接して形成される（図13.3d）．

13.5.2 母体-胎子境界面の構造による胎盤の分類

胎盤では，母体赤血球のヘモグロビンが解放した酸素を，酸素結合能のより高い胎子型ヘモグロビンが捕捉することで，母体血液から胎子血液への酸素供給がなされる．そのためには，両者を物理的になるべく近い位置関係に置くことが重要となるとともに，間に介在する細胞層が少ないことが望ましい．ここでも真獣類はそれぞれに異なる方策をとっており，母体-胎子境界面の微細構造は種によって異なる（図13.4）．

a. 上皮絨毛性胎盤（epitheliochorial placenta）

ウマやブタなどの胚盤胞は，着床しても絨毛膜の最外層である栄養膜細胞が子宮内膜上皮細胞に密着したままとどまり，子宮内膜間質や母体血管まで侵入することはない．したがって，母体血液と胎子血液の間には，母体側，胎子側ともに3層ずつの細胞層（血管内皮細胞/結合組織/栄養膜細胞または子宮内膜上皮細胞）が存在する（図13.4a）．

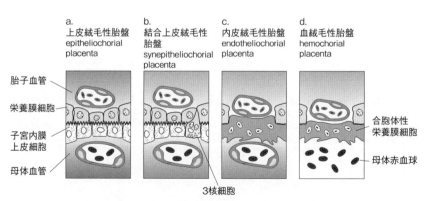

図13.4 母体-胎子境界面の構造による胎盤の分類

b. 結合上皮絨毛性胎盤（synepitheliochorial placenta）

叢毛胎盤を持つウシ，ヤギ，ヒツジなどの反芻類にみられ，構造は上皮絨毛性胎盤に類似している．胚盤胞は子宮内膜上皮上にとどまるが，栄養膜細胞の一部が2核細胞に分化し，これがさらに子宮の管腔上皮細胞と融合することで3核細胞を形成する．上皮絨毛性胎盤の亜種と分類する研究者もある（図13.4b）．

c. 内皮絨毛性胎盤（endotheliochorial placenta）

イヌやネコにみられる胎盤で，母体側の子宮内膜上皮細胞は除去され，胎子栄養膜細胞と母体血管の間には細胞外マトリックスのみが存在する（図13.4c）．

d. 血絨毛性胎盤（hemochorial placenta）

ヒトやマウスなどにみられる胎盤で，胎盤内部に母体の血管内皮細胞は存在せず，合胞体化した栄養膜細胞が母体血液に直接さらされている．真獣類胎盤の中では，母体血液-胎子血液間の障壁が最も少なく，物質交換も最も効率的だと考えられる．ヒトでは1層の合胞体性栄養膜細胞が絨毛の最外層にあり母体血液に直接触れているが，マウスでは胎子血管を2層の合胞体性栄養膜細胞が取り囲み，さらにその外側に栄養膜巨細胞が存在する．これらの多様性をもとに，hemochorial placenta を hemomonochorial placenta，hemodichorial placenta，hemotrichorial placenta と細分化する研究者も存在する（図13.4d）．

13.6 胎盤の多様性に内在性レトロウイルスが関与しているかもしれない

ヒト胎盤における合胞体性栄養膜細胞は単核の栄養膜細胞が融合することで形成されるが，この細胞融合に必要な遺伝子 *Syncytin-1* が同定された．おもしろいことに，*Syncytin-1* はレトロウイルスのエンベロープタンパク質遺伝子と相同性が高く，内在性レトロウイルスであることが発見された．この発見を機に，真獣類が多様な形態・様式の胎盤を獲得した背景には，進化の過程でゲノムに挿入され内在化したウイルス遺伝子の利用があるのではないかという議論がなされている．ヒトでは，胎盤で発現し同様に細胞融合能を持つ *Syncytin-2*，および，同じく内在性レトロウイルスであるが Syncytin-1 タンパク質と拮抗して細胞融合を阻害する *Suppressyn* 遺伝子が同定されており，これらの作用で合胞体性栄養膜細胞の形成が厳密に制御されている可能性がある．

一方，マウスでも，胎盤特異的に発現し細胞融合能を持つ内在性レトロウ

イルス遺伝子 *Syncytin-A*，*Syncytin-B* が同定され，それぞれが合胞体性栄養膜細胞の形成に必須であることが示されている．しかし，これらはヒト *Syncytin-1*，*-2* 遺伝子と共通の祖先ウイルスに由来するものではなく，霊長類，およびげっ歯類の中でもこれらの遺伝子を持たない種も存在する．このことから，*Syncytin-1* の機能が獲得されたのは類人猿と旧世界ザルの分岐以降，*Syncytin-A*，*-B* の獲得は，マウス，ラットなどのネズミ科の分岐以降とされている．

　反芻類の胎盤でも一部の細胞が融合するが，*in vitro* で細胞融合能を示す内在性ウイルス遺伝子である *Syncytin-Rum1* や *BERV-K1*（*Fematrin-1*）などがみつかっている．*BERV-K1*（*Fematrin-1*）はウシ亜科ゲノムにのみ存在し，発現は胎盤の 2 核細胞に特異的である．

　以上のほかに，ウサギ，イヌ，ネコなどを含む様々な動物種で *Syncytin* と相同性がある内在性レトロウイルスが発見されているが，それらもまた，それぞれの種において独立に獲得されたことが示されている．真獣類では，感染したウイルスをそれぞれに利用することで胎盤の構造が多様化し，独自の胎盤をつくりあげてきた可能性が考えられている．

おわりに

　着床と胎盤形成は子宮内で進行し，それを体外で完全に再現することは不可能であった．そのため，胎盤形成の制御機構の解明は，初代培養細胞を用いた実験や，特定の遺伝子をノックアウトしたマウスの表現型解析などに頼らざるを得ない状況が続いていた．1998 年にマウスの胚盤胞，および着床後の胚体外外胚葉から，胎盤の各種栄養膜細胞に分化する能力を保持した栄養膜幹細胞（TS 細胞）が樹立され，*in vitro* で胎盤形成やその機能に関わる遺伝子の機能解析をすることが可能になった．その後，ラット，ヒト，カニクイザル，ウシなどでも TS 細胞が樹立され，動物種に共通する，あるいは種特異的な分子機構を研究することも可能となっている．さらに，TS 細胞や胚性幹細胞（ES 細胞）を利用した胚盤胞様構造体（blastoid）が作出されるようになり，子宮に移植すると，マウス，サルでは子宮への着床反応を，ウシでは母体の妊娠認識反応を引き起こすことが示されている．一方，子宮内膜を模倣したオルガノイドの研究も進められ，2024 年には，ついに，ヒト子宮内膜オルガノイドとヒト blastoid を用いて，*in vitro* で着床を再現することに成功している．これらの研究がさらに進むことにより，これまでブラックボックスに閉ざされていた，着床から胎盤形成の初期段階までの

経時的な進行過程とその分子機構の詳細が明らかになることが期待される．そこで得られる知見は，不妊症・不育症に悩む人たちや，胚移植後の受胎率の低さに悩む畜産業従事者たちへ福音をもたらすかもしれない．

14

妊 娠 と 分 娩

はじめに

　哺乳動物の妊娠・分娩は，次世代の生産，種の保存にとって不可欠な生物学的プロセスのひとつである．しかし，この妊娠・分娩は，すべての哺乳動物が持つ特有の機能ではない．たとえば，単孔類であるカモノハシやハリモグラは，卵生であり，子供を産むことなく卵を産むことで子孫を残す．また，妊娠や分娩メカニズムは動物種ごとに大きく異なっている．妊娠期間は種ごとに様々で，ハムスターでは 16 日と非常に短いが，アフリカゾウでは 22 カ月と 1 年以上にわたる長期である．したがって，妊娠・分娩についてその理解を深めるためには個々の種におけるメカニズムの探求が必須となっている．胎生は卵生による生殖に比べ，効率的な次世代子孫の生産手段である一方，母体に対しては胎子成育のためのエネルギー投入，分娩時の事故など，非常にリスクの高い現象となっている．本章では，哺乳動物の妊娠の成立・維持，そしてその終着点である分娩について解説する．

14.1　妊娠と分娩の概要

　哺乳動物の妊娠・維持はいくつかのプロセスを経る．まず母体が直接もしくは間接的に妊娠・胚の存在を認識し（**妊娠認識**），繰り返される発情周期を停止させる必要がある．すなわち，妊娠の成立には，発情周期を繰り返すメカニズムの遮断が必要であり，また，妊娠の維持に必要不可欠なホルモンである**プロジェステロン（P4）**の供給源の確保が重要である．P4 は主に排卵後の卵胞が変化してできる黄体から分泌される．よって，妊娠の成立にはその黄体の機能維持が中心となるが，ヒト等の霊長類やヒツジにおいては黄体に依存することなく，胎盤などその他の組織で P4 分泌を行う（14.2.1，14.2.2 項参照）．また，妊娠は母体に対して負担の大きい，ハイリスクのイベントである．そのため妊娠の維持には様々なチェックポイントが存在し，それをクリアして妊娠の維持

が可能となる．これら妊娠の成立・維持のメカニズムは動物種ごとに大きく異なっており，上記の各プロセスの詳細は種ごとに理解をしなければならない．

一方，分娩は妊娠状態からの離脱であり，これには様々なホルモンが関与している．多くの種において，分娩の開始は胎子側の因子によるとされている．妊娠の維持には P4 の血中濃度が高く保たれている必要があるが，これが低下すると妊娠が中断する．しかし，どのようにして血中の P4 値が低下するかについては，動物種ごとにメカニズムが異なっており，その詳細についても未解明の部分が多い．以下の節では，主要な各動物種における妊娠・分娩のメカニズムについて解説する．

14.2　妊娠の成立と維持機構は動物種ごとに大きく異なっている

14.2.1　マウス・ラットなどのげっ歯類の妊娠認識は交尾から開始している

マウスやラットなどのげっ歯類の多くは，不完全性周期を有し，排卵後，機能的な黄体を形成せず，発情周期中に P4 の血中濃度上昇はみられない．そのため，発情周期も 4 日間と短い．このような特徴から，妊娠の第 1 段階として，妊娠に必須のホルモンである P4 の供給源を確保する必要がある．マウスでは排卵後，黄体からの P4 が 20α-水酸化ステロイド脱水素酵素（20α-HSD）により代謝され活性をなくしてしまう．しかし，子宮頸管が交尾刺激を受けると，刺激が脳に伝わり，下垂体から**プロラクチン**（PRL）が分泌されるようになる．この PRL が 20α-HSD の発現を低下させ，P4 濃度が維持されるようになる．このように黄体が機能すると，発情回帰が抑制され，妊娠の第 1 段階が終了する．次に，交尾によって受精が成立すると，胚は発育して子宮に到達し，着床する．マウスなどのげっ歯類の場合は，この胚の着床の時期を限定することによって，発育の遅れた胚などを選抜するシステムが存在している．この限定された着床期間のことを**着床ウィンドウ**（implantation window）と呼ぶ．この時期だけ子宮は胚の着床を受容できる状態にある（子宮の受容性：receptivity）．マウスの場合，着床ウィンドウが開く時期は，ステロイドホルモンなどの影響を受けている．その結果，特に重要な因子として**白血病抑制因子**（LIF）が子宮腺から分泌され，子宮を胚の着床を受容できる状態にする．マウスの場合，着床ウィンドウが開いている時期は交尾後 4〜5 日である．着床ウィンドウ内で胚が着床すると，胚は子宮内膜内に浸潤し，胎盤が形成されるが，この胎盤自体が妊娠

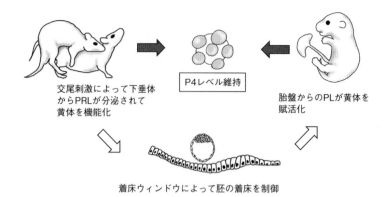

図14.1 マウスの妊娠成立メカニズム
交尾刺激による下垂体からのPRLによる黄体の機能化や着床後の胎盤から分泌されるPLによる黄体の賦活化により，P4のレベルが維持される．

の維持に大きく関与すると考えられている．妊娠の中期（妊娠9日目）以降，胎盤からはPRLに類似したホルモンが分泌される．これは**胎盤性ラクトジェン**（PL：placental lactogen）と呼ばれ，PRLと同様の効果を有している．すなわち，この胎盤由来のPLは下垂体由来のPRLと同じく，PRL受容体に結合し，黄体の機能維持に働く．また，PLの分泌に伴い，下垂体からのPRL分泌は低下するため，黄体維持は下垂体支配から，胎盤支配にシフトする（図14.1）．マウスにおいて黄体は妊娠期間を通じて必須のP4供給源である．

14.2.2 ヒトの妊娠の第1段階は黄体のレスキューから始まる

ヒトは排卵後，卵胞が黄体化し機能する，完全性周期の動物である．ヒト以外の多くの動物種では性周期を，発情を起点とする発情周期と呼ぶが，ヒトの場合，明確な発情がないため，月経を起点とした月経周期と呼び，その周期は平均28.5日である．排卵はその中央で生じ（月経後約14日），月経周期内に着床する．着床はマウスにみられるように，子宮の受容性に影響を受けており，着床ウィンドウが存在する．また，マウスと同様に着床時の子宮の受容性にはLIFが関与するとされている．ヒトの場合の着床ウィンドウは月経周期の21～25日とされており，着床は月経周期内で完了し，それと同時に胎子と母体の直接的なコミュニケーションが開始する．非妊娠時のヒトの月経周期において，排卵後黄体が形成されるが，周期の後半に黄体は退行し，それとともに月経が

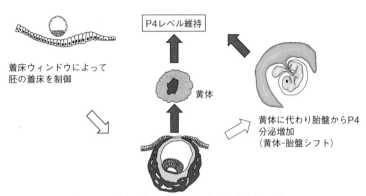

図 14.2 ヒトの妊娠成立・維持メカニズム
ヒト胚は着床ウィンドウ中に子宮内膜に浸潤して着床し,合胞体性栄養膜細胞を形成する.この細胞からLH作用を有するhCGが分泌され,黄体を賦活化・P4分泌が維持される.妊娠7〜9週になると黄体よりも胎盤からのP4の分泌が上回り,妊娠が維持される.

開始する.ヒトにおいて黄体退行の詳細なメカニズムは明らかとなっていないが,黄体内の $PGF_{2\alpha}$ や PGE_2 分泌が関与してP4産生酵素群の発現を抑制することで黄体機能を低下させると報告されている.着床した胚はこのような黄体退行を阻止して妊娠の維持に必要なP4供給源を確保する必要がある.ヒト胚は子宮に到達した後,透明帯から脱出し,速やかに子宮内膜内に浸潤して着床する.その際に胚の栄養膜細胞と子宮内膜細胞が融合して合胞体性栄養膜細胞が形成される.この合胞体性栄養膜細胞から**ヒト絨毛性性腺刺激ホルモン**(hCG:human chorionic gonadotropin)が分泌される.hCGはLHやFSHと同じ α サブユニットと特異的な β サブユニットからなり,LH受容体に結合することができるため,LH活性を有している.このhCGが母体血流に取り込まれ,黄体の維持および妊娠に必須なP4供給源を確保している.さらに妊娠が進むと,胎盤が形成される.妊娠7〜9週になると,形成された胎盤からP4分泌が開始される.胎盤からは妊娠維持に十分な量のP4が分泌されるため,その後,黄体は妊娠維持に必要不可欠でなくなる(**黄体-胎盤シフト**)(図14.2).

14.2.3 ウシやヒツジなどの偶蹄目反芻動物の妊娠成立には,胚が分泌する妊娠シグナルが重要である

ウシやヒツジなどの偶蹄目反芻動物はマウスやヒトと比べて非常に独特な胚

の発生過程を経る．ヒトやマウスでは胚は子宮に到達した後，胞胚腔を形成して胚盤胞期胚に発生する．その後胚は透明帯から脱出し，速やかに子宮内膜内に浸潤して着床を完了する（14.2.1 項参照）．一方，ウシやヒツジなどの偶蹄目反芻動物では，胚が子宮に到達し，透明帯から脱出するまではヒトやマウスと同じ発生過程を経るが，その後はすぐに着床せず，子宮内膜上皮と接着することなく子宮内腔に浮遊して発生を続ける．この特有の発生過程を**胚伸長**（elongation）と呼ぶ．胚伸長には様々な母体因子が関与しているとされている．母体の P4 の刺激を受けて子宮内膜上皮細胞や子宮腺上皮細胞からタンパク質，脂質，アミノ酸，糖，イオン等を含んだ子宮乳が分泌され，これが胚伸長を支えている．特に子宮腺の寄与は大きく，人為的に子宮腺の形成を阻害したヒツジにおいて胚伸長はみられない．胚の着床はヒツジで発情後 16 日以降に生じる．ウシでは胚着床は発情後 25〜30 日で開始する．以上のことから，ヒツジやウシにおいて，着床は発情周期（ヒツジ：16 日，ウシ：21 日）を超えて成立する．このことは，着床という直接的な母体と胚との接触以前に母体は何らかの方法で胚の存在・自身の妊娠を認識し（**妊娠認識**：maternal recognition of pregnancy），発情を回避する必要がある．すなわち胚は間接的なコミュニケーションによって自身の存在を母体に知らせ，母体の発情を抑制するシステムが必要となる．ウシやヒツジの伸長胚はシグナル分子を分泌することによって，母体の発情の回避と妊娠認識を行っている．このシグナル分子は**インターフェロン・タウ**（IFNτ）と呼ばれている．IFNτ は胚の栄養膜細胞から分泌され，その遺伝子配列が抗ウイルス作用，免疫に関与しているインターフェロンと類似していることから命名された．したがって，IFNτ は他の IFN と同じく抗ウイルス活性や細胞増殖抑制機能などを有している．ヒツジやウシではこの IFNτ が黄体退行を阻止することで，発情を抑制し，妊娠に必要不可欠な P4 の供給源を確保している．その作用機序として，ヒツジでは IFNτ が子宮内膜のオキシトシン受容体の発現を抑制することにより，黄体からのオキシトシンに反応して子宮内膜からパルス状に分泌される $PGF_{2\alpha}$ を抑制することで黄体退行と発情の回帰を回避しているとされている．ウシにおいては，子宮内膜においてプロスタグランジンの生合成に関わる酵素であるシクロオキシゲナーゼ（COX）の発現を抑制することで $PGF_{2\alpha}$ 分泌を停止させ，黄体退行を阻止していると考えられている．IFNτ 分泌は一過性に分泌される特徴を有している．IFNτ の遺伝子発現は透明帯から胚が脱出する時期から上昇を始め，着床とともにその

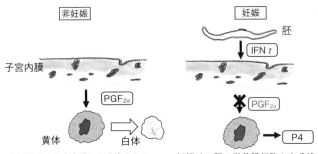

図 14.3 ウシ・ヒツジの妊娠成立・維持メカニズム
ウシやヒツジにおいて，胚は IFNτ を分泌することで，子宮内膜からの PFG$_{2\alpha}$ 分泌を抑制し，黄体の退行を阻止して妊娠成立に必要な P4 分泌を維持する．

発現が停止する．また，IFNτ は両種において PGF$_{2\alpha}$ 分泌の抑制に関わることから，その分泌は PGF$_{2\alpha}$ 分泌開始に先立つ必要がある．ヒツジでは発情後 11～12 日，ウシでは発情後 16～18 日に IFNτ が子宮内に存在しなければならない．この時期は**妊娠認識時期**（the period for maternal recognition of pregnancy）と呼ばれている．着床とともに IFNτ は分泌が停止される．着床が成立すると，胎盤が形成されるが，ウシやヒツジにおいてもヒトと同じく，胎盤からも P4 の分泌がみられる．ウシの場合，妊娠中の血中 P4 の大部分は黄体由来とされており，黄体の存在が妊娠に必須である．一方，ヒツジにおいては，黄体由来よりも胎盤由来 P4 が大きく寄与するとされている（図 14.3）．

14.2.4　ブタの妊娠成立には PGF$_{2\alpha}$ の分泌方向が変化する

ブタもヒツジやウシと同じく，子宮に胚が到達し，透明帯から胚が脱出した後，しばらく着床することなく，子宮内腔で伸長する．ブタの発情周期は 21 日であり，ヒツジやウシと同じく子宮内膜からの PGF$_{2\alpha}$ によって黄体が退行する．発情周期において PGF$_{2\alpha}$ 分泌が生じるのは発情後 15～16 日といわれている．ブタ胚の着床は 20 日前後とされており，それゆえに PGF$_{2\alpha}$ 分泌時期には胚と母体の直接的なコミュニケーションは存在しない．したがって，ヒツジやウシと同じく，胚は何らかのシグナルを母体に対して発することで，この黄体退行を防ぎ，妊娠に不可欠な P4 を確保する必要がある．ブタの場合，伸長胚から分

泌される**妊娠シグナル物質**はエストロジェン，主に，エストラジオール 17β である．このステロイドホルモンは，直接黄体に働きかけ，LH 受容体濃度を上昇させるとともに，P4 分泌を刺激する．さらに，妊娠ブタにおいて子宮血流中の $PGF_{2\alpha}$ 濃度は非妊娠に比べて低下することが知られている．その一方で子宮内腔中の $PGF_{2\alpha}$ は非妊娠ブタにおいて上昇している．このことから，伸長胚から分泌されたエストラジオール 17β は，子宮内膜における $PGF_{2\alpha}$ の分泌方向を血流から子宮内腔方向に変化させることにより，黄体を退行から阻止していると考えられている．その詳細なメカニズムはいまだ明らかとなっていないが，胚から分泌されたエストラジオール 17β が子宮内膜から子宮内腔へのカルシウム放出を刺激し，子宮内腔のカルシウム濃度が上昇する．このカルシウム濃度の上昇時期と $PGF_{2\alpha}$ の分泌方向の変化が密接に関係していることが報告されている．この胚からのエストラジオール 17β 分泌は二相性を示す．最初の分泌は妊娠 11〜12 日にみられ，次の分泌は妊娠 15〜25（〜30）日の間にみられる．この 2 つの時期のエストラジオール 17β の胚からの分泌が，$PGF_{2\alpha}$ の分泌方向を子宮内腔側に長期的に向かせるためには必要とされている．さらに胚由来のエストラジオール 17β は PGE_2-$PGF_{2\alpha}$ 比の値を増加させる．PGE_2 と $PGF_{2\alpha}$ は逆の生理学的反応を引き起こし，黄体に対して，$PGF_{2\alpha}$ は退行に PGE_2 はその維持に働く．よってプロスタグランジンの生理学的反応については PGE_2-$PGF_{2\alpha}$ 比によって表され，この値が上昇することは，黄体維持の方向に内分泌環境が整えられていることを意味する．このように胚由来のエストラジオール 17β は黄体の維持に重要な役割を果たし，維持された黄体由来の P4 分泌は妊娠期間を通じて必須となっている（図 14.4）．

　ブタ胚においても，IFNγ やインターフェロン・デルタ（IFNδ）等の IFN の分泌が確認されている．しかしながらこれらの IFN は，IFNτ のように黄体退行を阻止する働きはなく，詳細な機能は明らかとなっていないが，母体の免疫反応に影響を与えると考えられている．

14.3　分娩は妊娠状態を打ち破ることである

　分娩開始（発来）には様々なホルモンが複雑に関与するだけでなく，非常に急速に進行する生殖イベントであるため，その全貌を解明・理解することは非常に難しい．しかし，「分娩＝妊娠状態の停止」ととらえると，その幹となるメ

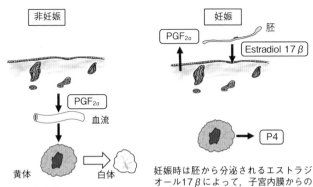

図14.4 ブタの妊娠成立と維持

子宮内に到達したブタ胚は妊娠シグナルとしてエストラジオール17βを分泌し，PGF$_{2α}$を血流方向ではなく子宮内腔方向に分泌させることで，黄体退行を防ぎ，妊娠に必要なP4を確保している．ブタの場合，この黄体由来のP4が妊娠期間を通じて必須となっている．

カニズムは理解しやすいかもしれない．前述のように，妊娠にはその維持に必須のホルモンであるP4の供給源をいかに確保するか，その分泌や反応性をいかに維持するかが，重要であった．これを逆に考えると，分娩の開始には，妊娠に必須のホルモンであるP4分泌をいかに低下させるか，また，P4に対する反応性をいかに低下させるかが鍵を握っているといえる．妊娠の節で述べた，容易にP4を分泌する組織やその維持のメカニズムは動物種ごとに異なることから，分娩発来の詳細なメカニズムも種ごとに異なることは容易に理解できる．

14.3.1　ヒツジ・ウシにおける分娩発来の内分泌機構

ここでは最もその機構が明らかになっているヒツジ・ウシの分娩発来について説明する．

胎子の成長に伴い視床下部-下垂体-副腎系が成熟し，副腎からコルチゾールが分泌される．妊娠末期にはコルチゾール分泌量が多くなり，これが分娩発来のトリガーと考えられている．コルチゾールは胎子の成長にも重要な役割を有しており，胎子の臓器成熟に関与しているとされている．分娩開始前20日前後にはその分泌が急上昇し，様々な内分泌環境の変化を引き起こす．胎盤の絨毛膜細胞において，ヒドロキシラーゼの1種であるCYP17の発現を上昇させる．このCYP17はP4の前駆体であるプレグネノロンに水酸基を付加して17-ヒド

ロキシプレグネノロンに変換する酵素であり，プレグネノロンがP4へ変換されることを抑制する．また同じく，P4に水酸基を付加することにより，17-ヒドロキシプロジェステロンに変換することで，P4量を減少させる．この酵素の働きにより，ヒツジにおいては妊娠維持に大きく関与する胎盤由来のP4産生が大きく低下し，妊娠の維持が停止されると考えられている．また，CYP17によってつくられた17-ヒドロキシプレグネノロンはエストロジェン合成に使われ，その結果エストロジェン血中レベルは上昇する．さらにコルチゾールは胎盤において，プロスタグランジン合成に関与するシクロオキシゲナーゼ（COX）の発現を上昇させ，$PGF_{2\alpha}$分泌量が増加する．子宮平滑筋の弛緩作用を持つP4レベルの低下，収縮作用を有するエストロジェンや$PGF_{2\alpha}$の分泌量増加は，子宮平滑筋層の活性化を引き起こし，分娩の開始に寄与していると考えられている．一方，妊娠中のP4の供給源として黄体に依存しているウシにおいては胎盤由来のP4産生の抑制だけでは血中P4の十分な低下がみられない．よって，ウシの分娩発来には黄体退行は必須となる．ウシの発情周期において，黄体の退行は子宮から分泌される$PGF_{2\alpha}$によるとされているが，分娩時においては胎盤由来の$PGF_{2\alpha}$が黄体退行に重要であるとされているものの，詳細は定かではない．このように同じ偶蹄目反芻動物においても分娩の発来機序は大きく異なり，妊娠の確立とともに種間差が大きい．ヒトの場合もコルチゾールが分娩発来のトリガーと考えられているが，その由来は胎子ではなく胎盤であるとされており，これについても明らかとなってはいない．

14.3.2　分娩過程は3つの段階で構成される

　前項で述べた分娩発来機構の結果，胎子の娩出（分娩）が開始される．分娩の過程は大きく3つの段階に分けられる．①**開口期**：前項で述べたように分娩発来機構の中で血中のP4レベルの低下・エストロジェンレベルの上昇により，子宮頸管が弛緩するとともに，$PGF_{2\alpha}$によって子宮が収縮し，陣痛が生じる．②**産出期**：胎子が産道へと誘導されると，その刺激が脳に伝わり，下垂体からオキシトシンが分泌される．このオキシトシンは子宮平滑筋収縮作用を有しており，その結果，さらに胎子を娩出する動きが強まる．この刺激がさらにオキシトシンの分泌を刺激し，正のフィードバックが生じる．ウシの場合，胎子が娩出される前に，最初に尿膜が露出し破れ（**第一破水**），次いで胎子前肢を包む羊膜が露出する（足胞）．強い陣痛により，胎子が押し出されると，羊膜も破れ

（**第二破水**），前肢・頭部が現れ，速やかに娩出が完了する．娩出の完了により，産道の刺激がなくなるため，オキシトシン分泌の正のフィードバックも停止する．③**後産期**：胎子の娩出が終了すると，引き続く陣痛が胎盤剥離を誘起し，胎盤の排出が行われる．

おわりに

　妊娠と分娩は生殖の最終段階といえる．妊娠と分娩はこれまで述べてきたように，動物種による違いが大きい現象であり，ゆえに詳細なメカニズムは，いまだにすべて理解されていない．しかし，妊娠の不成立や分娩時の事故は，畜産業生産者へ大きな損失を与えるとともに，医療においても，不妊問題や人命が奪われるケースもあり看過できず，メカニズムの解明は非常に重要である．

15

ウシの繁殖とその技術

はじめに

　家畜であるウシの繁殖は，そのほとんどが人工授精や胚移植などの人工繁殖技術によってなされている．一方，乳用牛では産乳量の増加に伴う人工授精受胎率の低下が世界的に問題となり，国内の黒毛和種生産においても，遺伝的改良に伴う受胎率の低下が問題となっている．ホルスタイン種の妊娠期間は平均280日，黒毛和種においては285日と報告されており，分娩後の子宮や卵巣機能の回復に必要な産褥期を考慮すると1年1産が理想的である．この目標を達成し，効率的な乳肉生産のために様々な技術が利用されている．本章では，ウシの繁殖生理とともに，人工授精および近年目覚ましく利用の進んだ体外受精によるウシ胚生産およびこれらと組み合わせることでより効率的な家畜生産が可能となる関連技術について解説する．

15.1　ウシの繁殖とその技術の概要

　春機発動を迎えた未経産牛は性成熟に向かい，21日周期で排卵を繰り返すようになる．ホルスタイン種においては，12〜15カ月齢，体重350 kg，体高125 cmを目安として人工授精あるいは胚移植による妊娠の成立を目指す．黒毛和種においては，14〜16カ月齢，体重300 kg，体高115 cm程度が目安となる．また，農林水産省は24.5カ月齢である黒毛和種の初産月齢（2023年）を2029年度までに23.5カ月齢に短縮するとしている．これらの目標を達成し，分娩後も1年1産を繰り返すためには，繁殖管理によって効率的に人工授精あるいは胚移植を実施する必要がある．ホルスタイン種では，分娩後約2カ月で泌乳最盛期となり，その後，泌乳量は徐々に低下する．乳用牛は分娩前40〜60日程度で乾乳するが，妊娠が遅れると搾乳期間が延びることとなり，飼料要求量に比較した産乳量は低下する（図15.1）．すなわち，受胎率低下は，乳用牛においては産乳効率の低下，肉用牛においては子ウシ生産効率の低下に直結し，農家経営を圧

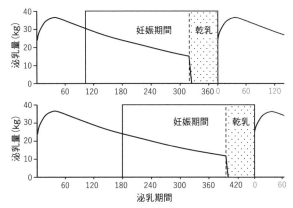

図 15.1 乳用牛の泌乳曲線
妊娠時期が遅れると搾乳期間が延びるため1乳期あたりの総産乳量は増えるが,低乳量のまま搾乳期間が延長することで経営効率は低下する.

迫することとなる.これらを回避するには,妊娠成立のための**発情発見**(15.3節参照)が重要であり,適期に**人工授精**(AI:artificial insemination)や**胚移植**(ET:embryo transfer)を実施して,対象牛を確実に妊娠させることが重要となる.ウシの人工授精では凍結精液を用いることが一般的であり,求める性の産子を90%以上の確率で得ることのできる**性選別精液**(sex-sorted semen)も販売されている(15.4節参照).また,体内あるいは体外受精由来の胚を移植して(15.5節参照),産子を得ることも一般的になっている.これらのことから,効率的繁殖を達成するためにはウシの繁殖生理,卵胞発育やそれらを制御するホルモンについて理解を深める必要がある(15.2節参照).

15.2 ウシの卵胞発育の特徴とその制御を知ることは繁殖成功に不可欠である

ウシの発情は約21日周期であり,発情期に1個の卵子を排卵する単排卵動物である.また,1回の発情周期中に2〜3回波のように卵胞発育が始まる**卵胞波**(多数の小卵胞発育)のあることが知られている(図15.2).発情期に**主席(優勢)卵胞**が排卵することで,主席卵胞の顆粒膜細胞から分泌されていたエストラジオール17βやインヒビン濃度が低下すると,卵胞刺激ホルモン(FSH)分泌が増加し,それに反応して新たな卵胞波が始まる.発育中の卵胞はエストラ

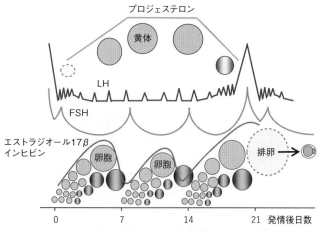

図 15.2 ウシの発情周期中における卵胞発育とホルモンの関係

ジオール 17β とインヒビンを分泌することから，FSH 分泌は抑制され（第 6 章参照），FSH 感受性の低い卵胞は退行し，1（～数）個の主席卵胞が選抜される．直径 8～9 mm に成長した卵胞には LH 受容体が発現し，LH 依存性に成長するが，形成された黄体から分泌されるプロジェステロンによって，高プロジェステロン，高エストロジェン状態になることで**負のフィードバック作用**により **LH** の**パルス状（拍動性）分泌**は抑制されて，主席卵胞が退行する．主席卵胞の退行により，エストラジオール 17β とインヒビンの分泌量は低下し，これらによって抑制されていた FSH が再び分泌されるようになることで新たな卵胞波が始まる．子宮内に胚が存在しない場合，子宮内膜からプロスタグランジン $F_{2\alpha}$（$PGF_{2\alpha}$）が分泌されて黄体が退行し，低プロジェステロン，高エストロジェン状態となることで，**正のフィードバック作用**によって **LH サージ**が誘起され，主席卵胞は排卵する．人工授精時の排卵同期化（15.4 節参照）や，体内受精胚採取における**過排卵処理**（15.5 節参照）においては，卵胞波を考慮することによって，よりよい結果を得ることができるようになる．

15.3 発情発見はウシ繁殖成功の要である

ウシにおいて，最も確実な発情指標として他のウシからの乗駕を許容する**スタンディング**（図 15.3 左図）が用いられているが，発情を発見できない場合，

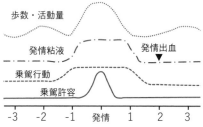

図 15.3　ウシの発情徴候
発情前日くらいから活動量（歩数）が増加し，外陰部からは発情粘液が漏出する．発情期初期には他のウシへの乗駕行動を示すようになり，発情のピーク時には他のウシからの乗駕を許容（左図）する．また，発情後2〜3日に外陰部から出血が認められることがある（右図．O'Connor, M.L.(2006) Estrus Detection. Current Therapy in Large Animal Theriogenology, 2nd ed. (Youngquist, R.S., Threlfall, W.R. eds.), Elsevier, pp.270-278 を改変).

人工授精実施率が低くなり，牛群全体の妊娠率も低くなる．このことは，確実な発情発見と人工授精実施の重要性を示している．そのため，発情発見補助器具として，尾根部に染料を塗布し，他のウシの乗駕により，これが薄くなることを利用したテールペイントや，尾根部に貼り付けて乗駕されると変色するヒートマウントディテクターなどが販売されている．しかし，高泌乳化による発情持続時間の短縮や，つなぎ飼いではスタンディング行動は認められないこと，フリーストールでは床が滑りやすいために他のウシに乗駕することを忌避することから，スタンディングによる発情発見は困難となってきている．そこで，発情期の歩数や活動量増加（図15.3右図）に注目し，ウシの脚に取り付ける歩数計や，加速度センサーのついた首輪による活動量を指標とした発情発見装置が広く使用されるようになった．この装置は，活動量の増加したウシを発情期であると判定して飼い主に知らせることで，発情の見逃しの減少と人工授精や胚移植の確実な実施を可能とする．しかし，より確実な繁殖成功のためには，発情発見日を記録して，次回発情に備えることが重要である．

15.4　人工授精はウシ繁殖の基本である

　動物は自然交配により次世代を得てきたが，1頭の雄動物が交配できる雌の数には限りがある．しかし，高度に家畜化されたウシにおいては，後代検定に

よって，乳生産，肉生産および増体性に優れた次世代動物を得られることが示されている少数の種雄牛から精液を採取し，雌ウシの子宮内に注入することで数多くの産子を得ている．人工授精は，精液採取，精液の希釈と凍結保存および子宮内注入からなる家畜を育種・改良するうえで最も重要な技術である．

15.4.1 雄ウシからの精液採取と凍結保存

雄ウシは生後7カ月頃に春機発動を迎え，14カ月齢には性成熟に達する．この間，徐々に射出精液中の精子数が増加し，凍結に対する耐性（耐凍性）も高くなる．繁殖供用を開始するのは性成熟に達し，安定的に精液を採取可能となる15〜20カ月齢とされている．精液の採取法としては，人工腟法や電気刺激法があるが，人工腟法が一般的である．

a. 人工腟による精液採取

雌ウシの代わりに準備した擬牝台（ぎひんだい）に種雄牛を乗駕させて，人工腟を用いて精液を採取する横取り法が一般的である．ウシは温度刺激で射精するため，人工腟に注入する温湯は若齢牛で40℃程度，加齢牛で45℃前後と体温よりも高く設定する．採取した精液は，精液量，色，臭気，異物混入などを肉眼的に検査する．通常，雄ウシは1回の射精あたり2〜10 mLの精液を射出し，乳白色から灰白色で無臭である．精子数は3〜20億個/mL程度であり，濃度が高いほど透明度が低下する．種雄牛が擬牝台を忌避する場合は，台牛と呼ばれる小型の雄ウシに乗駕させて精液採取する．それでも採取が困難な場合は，直腸に挿入したプローブから電気刺激を与えて精液を採取する場合もある．

b. 性選別精液の生産

精子にはXあるいはYのどちらかの性染色体が必ず含まれており，一般的にY染色体のほうが小さい．そのため，Y精子内の常染色体を含めた総DNA量はX精子よりも約4%少なくなる．一般的に人工授精に使用されている性選別精液は，DNAに特異的に結合する蛍光染色液により精子核を染色し，フローサイトメーターによってわずかな蛍光強度の違いを検知してX精子とY精子を分離することで作製されている．性選別精液を用いた人工授精では90%以上の確率で求める性の産子生産が可能となり，酪農家においては後継雌ウシの確実な生産が見込めることから，繁殖計画の策定に寄与している．

c. 精液の凍結保存

採取した精液は，リン酸塩，クエン酸塩やトリスヒドロキシアミノメタンな

どの緩衝液に卵黄あるいは牛乳(スキムミルク)を含む希釈液と混和し,精子運動性など種々の検査を行う.検査の間は30℃程度の温度で静置する.その後,4℃まで徐々に冷却し,グリセリンを含む希釈液と混合する.希釈精液は,0.25あるいは0.5 mL容量のストローに充填して凍結保存するのが一般的である.凍結はストローを専用の平台の上に一定間隔で水平に並べ,液体窒素の蒸気中で凍結し,その後,液体窒素中で保管する.日本国内においては,卵黄ベースの希釈液を用い,0.5 mL容量のストロー内で凍結保存するのが一般的である.

15.4.2 雌ウシへの精液注入(人工授精)

雌動物の生殖道内に人為的に精液を注入することを人工授精という.ウシにおいては精液を非外科的に子宮内に注入することが可能である.過去には腟鏡を用いて外子宮口を目視し,頸管鉗子で外子宮口を固定して人工授精器を挿入・精液を注入する**頸管鉗子法**が使用されていたが,現在は,直腸に腕を挿入し,直腸越しに子宮頸管を保持して人工授精器を経腟で子宮内に誘導する**直腸腟法**が主流となっている(図15.4).直腸腟法は胚移植においても使用されている(15.5節参照).通常,胚移植では,腟内通過時における胚移植器の細菌汚染を防除するための外套(プラスチック製あるいはビニール製)が使用され,移植器先端が外子宮口に達した時点で,外套から移植器を出して子宮内に先端を誘導する.近年,人工授精時も細菌汚染を防除するためにビニール製の外套を使用することが一般的になっている.精液注入部位として子宮体部が推奨されているが,精子数が通常精液の1/10程度と少ない性選別精液を用いる場合,特に子宮角の長い経産牛では,子宮深部胚移植用カテーテル(図15.7参照)等を用いて主席卵胞の存在する卵巣側の子宮角深部への注入が推奨される場合もある.

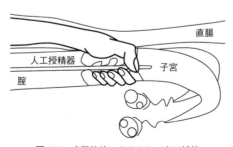

図15.4 直腸腟法によるウシの人工授精

15.4.3　授精適期と定時人工授精

　ウシにおいて，人工授精を排卵後に実施すると受胎率は著しく低下するため，排卵前の実施が必要である．ウシの排卵は発情終了後であるが，発情開始を起点とすると，およそ 24〜44 時間後，LH サージからは 24〜30 時間後となる．以前は，午前中（AM）に発情をみつけたらその日の午後（PM）に，午後（PM）に発情をみつけたら翌朝（AM）に人工授精を実施する **AM-PM 法**が推奨されていたが，近年，スタンディング発情発現の 4〜12 時間後に人工授精を実施した場合に高い受胎率が得られることが報告されている．AM-PM 法に従い，午前中に発情を発見して，その日の午後に人工授精を実施する場合は，この時間内に収まるが，午後発情発見・翌日人工授精の場合には，12 時間以上経過することによる受胎率低下が懸念される．したがって，正確な発情開始時間が不明確な場合は，発情発見後，早期に人工授精を実施することが推奨される．しかし，発情発現から排卵までの時間のばらつきは LH サージから排卵までと比較して大きく，飼養頭数が多かったり，つなぎ飼いであったりした場合，発情発見や発情発現時間の推定は容易ではない．そこで，ホルモン投与によって発情を同期化する種々の方法が報告されている．また，排卵を同期化して，決まった時間に人工授精を実施する **定時人工授精**が広く使用されるようになった．

a.　発情同期化法

　最も単純な発情同期化法は人為的に黄体退行を促す方法である．黄体の分泌するプロジェステロンは，主席卵胞の発育と排卵を抑制するため，$PGF_{2\alpha}$ を投与して黄体を退行させ，発情を誘起する．しかし，卵胞波（15.2 節参照）を考慮せずに $PGF_{2\alpha}$ を投与した場合，発情発現は投与後 2〜6 日程度とばらつきが大きくなる．これは，発情発現が黄体退行時の主席卵胞サイズに依存し，主席卵胞が排卵サイズまで成長する日数に差異が生じるためである．また，発情後 4 日までの形成期にある黄体は $PGF_{2\alpha}$ への感受性が低いため黄体退行を誘起できず，発情 17 日後以降の黄体は自発的な退行が始まっているため，$PGF_{2\alpha}$ 投与による黄体退行制御が行えない．そのため，黄体が $PGF_{2\alpha}$ に反応できるのは発情後 5〜17 日と報告されている．そこで，11〜14 日間隔で $PGF_{2\alpha}$ を 2 回投与することで，発情同期化できる可能性が高まる（図 15.5）．しかし，この方法では，発情発見した後に人工授精を実施する必要がある．

b.　排卵同期化法

　農家あたりのウシ飼養頭数増加に伴って，観察による発情発見が困難となっ

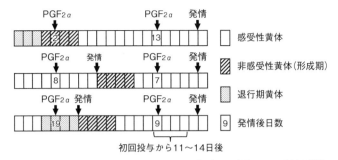

図15.5 11日間隔でのプロスタグランジン (PG) F$_{2\alpha}$投与による発情同期化 (Noakes, D.E. (2001) Endogenous and exogenous control of ovarian cyclicity. In Arthur's Veterinary Reproduction and Obstetrics, 8th ed. (Noakes, D.E., Parkinson, T.J., England, G.C.W. eds.), Elsevier. pp.1-53 を改変)
黄体形成期, 退行期に処置を始めても2回目投与時にはPGF$_{2\alpha}$感受性となる.

たことから, 発情観察に依らずに人工授精を実施する**定時人工授精**が広く用いられるようになった. これは, 人為的なLHサージ誘起により, 排卵時間を短い時間帯に集中させて, 決まった時間帯に人工授精を実施する方法である. 排卵時間集中のためには, LHサージ誘起時に, それに反応できる主席卵胞が存在する必要があることから, LHサージを誘起する時点で, 直径8〜9mm以上の卵胞が存在している必要がある(15.2節参照). 代表的な排卵同期化法である**Ovsynch法**では, 発情周期の任意の日 (PGF$_{2\alpha}$投与1週間前) に性腺刺激ホルモン放出ホルモン (GnRH) を投与し, PGF$_{2\alpha}$投与の2日後に再度GnRHを投与して, 翌日に人工授精を実施する. 最初のGnRH投与は, LHサージによってその時点で存在する主席卵胞を排卵させ, 新たな卵胞波を誘起し, 2回目のGnRH投与時に十分なサイズの卵胞を成長させることを目的としている. しかし, 1回目のGnRH投与時に十分なサイズの主席卵胞が存在しない場合には同期化率が低下し, すでに黄体が退行過程にあった場合には, 2回目のGnRH投与前に発情が発現する可能性がある. 定時人工授精による受胎率は報告により様々であるが, 20〜50%程度と決して高いものではない. そのため, 現在も定時人工授精のための様々なホルモン処置方法が検討されている.

15.5 胚移植はウシ繁殖効率を改善する

日本におけるウシの人工授精受胎率は，乳用牛，肉用牛ともに約50％と報告されている[1]．しかし，人工授精時の卵子受精率は80〜85％であることから，次の発情までに20〜45％の胚が死滅していると考えられている．この原因として，人工授精のタイミングが遅く，排卵後に老化した卵子が受精することで発生能の低い胚となることが考えられている．すなわち，高品質な胚の移植により，雌ウシの受胎率を向上できる可能性がある．また，1頭の雌ウシ自身が妊娠して生涯に生産できる次世代動物数には限りがあるが，優秀な雌ウシからたくさんの胚を生産し，借り腹雌（**受胚牛**）に移植することで，優秀な産子をより多く得ることができる．わが国においては，酪農家の経営効率改善のために，遺伝的能力の低いホルスタイン種乳用牛からは後継牛を生産せず，黒毛和種胚を移植して，肉用種として価値の高い黒毛和種産子を得ると同時に乳生産も可能にする胚移植の利用が広まっている．

15.5.1 体内胚の生産

ウシは単排卵動物であるが，FSH投与によって過剰な卵胞を発育・排卵させることで1頭から多数の移植可能胚を得ることが可能となる．一般的には，FSHを3〜4日間漸減投与し，その後，$PGF_{2\alpha}$投与によって発情を誘起して人工授精を実施する．ウシ胚は発情後およそ1週間で移植可能な胚盤胞期まで発育するため（第11章参照），人工授精後6〜8日にバルーンカテーテルを子宮内に挿入・留置し，子宮灌流によって胚を採取する．採取した胚は，そのまま受胚牛に移植（新鮮移植）あるいは凍結保存する．1回の過排卵処理により，ホルスタイン種では6〜10個程度の胚が採取でき，移植可能胚は4〜7個程度と報告されている．高品質胚を多く生産するため，新たな卵胞波開始時期（退行前の小卵胞がたくさん存在する時期）にFSH投与を始めることが望ましいと報告されている（15.2節参照）．しかし，この方法では卵巣を過剰刺激するため，次回採卵に供するための卵巣機能回復に1〜2カ月程度要する．

---

1) 日本家畜人工授精師協会（2024）令和4年次 受胎率調査「速報」．家畜人工授精 322：36-44.

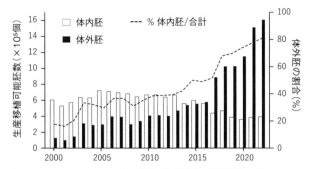

図 15.6 世界におけるウシ胚生産数（国際胚移植技術学会, 2023（データはViana, J.H.M.(2022)Statistics of embryo production and transfer in domestic farm animals: The main trends for the world embryo industry still stand. Embryo Technology Newsletter 41(4): 20-38 より））

15.5.2 体外胚の生産

　近年，体外胚生産は世界的に急増し，2016年には体内胚生産数を追い越した（図15.6）．その後も体外胚生産数は増え続け，2022年には160万個に達した．一方，体内胚生産は，ここ数年40万個程度で推移している．体外胚生産が急増した理由として，超音波画像診断装置の高解像度化と価格低下があげられる．体外胚生産では，直腸越しに卵巣を保持した状態で，腟内に挿入した超音波プローブを卵巣に当てて卵胞を確認し，プローブから採卵針を伸ばして卵胞内卵子を吸引する**超音波誘導経腟採卵法**（OPU：ovum pick-up）が行われる．この方法では発育途上にあるLHサージ曝露前の未成熟卵子を採取するため，採取卵子の**体外成熟培養**（IVM：*in vitro* maturation），**体外受精**（IVF：*in vitro* fertilization），**体外発生培養**（IVC：*in vitro* culture）による**体外胚生産**（IVP：*in vitro* production）が必要となる．IVMにはおよそ1日を要し，IVF開始から7日程度で受精卵は胚盤胞期に到達する．ホルスタイン種においては，1回の**OPU-IVP**によって移植可能胚を2〜3個生産可能であり，週2回実施可能である．過排卵処理においては，移植可能胚が採取されない場合があるが，OPU-IVPでは一定数の卵子採取により，安定的に移植可能胚生産が可能となることが利点である．

15.5.3 胚の凍結保存と融解法

　哺乳動物胚の超低温保存方法として，**緩慢凍結法**（slow-freezing）と**ガラス**

化凍結法（vitrification）がある．緩慢凍結法では，胚を室温下で10%程度のグリセリンやエチレングリコールを**凍害防止剤**（CPA：cryoprotectant agent, 耐凍剤）として含んだ保存液に浸漬し，0.25 mLストローに封入して，-0.3〜$-0.6℃$/分の速度で徐々に冷却する．この間，細胞外に氷晶が形成され，保存液の濃縮と細胞の脱水が進み，細胞内および周囲のCPA濃度が高まる．-25〜$-35℃$に達した時点でストローを液体窒素に投入することで，細胞内および周囲の液体は氷晶形成せずに固化（ガラス化）し，胚は氷晶による傷害を受けずに凍結保存可能となる．緩慢凍結した胚は，移植現場で融解し，胚の封入されたストローをそのまま移植器にセットして移植（**ダイレクト移植**）することが可能である．

　胚のガラス化凍結法は，実験動物胚や卵子，ヒト不妊治療領域で広く使用されている．保存液は，緩慢凍結法に比べて3倍以上高濃度のCPAを含むため，胚の取り扱いに技術を要する．しかし，融解後の胚生存率は，緩慢凍結法の70〜90%に対し，ガラス化凍結法ではほぼ100%である．ガラス化凍結法では，胚をごく少量の保存液とともに専用の器具上に載置して，直接液体窒素に浸漬することで胚を超急速冷却する．これにより，胚と周囲の保存液は氷晶形成することなくガラス化する．胚を保存液に曝露してからガラス化するまでの時間は1分程度であり，時間延長は高濃度CPAの毒性による胚の傷害を引き起こす．ガラス化胚の加温（融解）時には，$39℃$程度に温めた融解液に胚を載置した器具を直接浸漬する．これらの作業は一般的に顕微鏡下で行うため，ウシ胚移植現場での実施は困難である．しかし，ガラス化凍結法の胚生存性が非常に高いことから，移植現場におけるダイレクト移植可能な方法の開発研究が活発に行われており，いくつかの器具が販売されているが，移植成績が安定せず普及には至っていない．

15.5.4　胚移植の方法

　ウシ胚移植の黎明期は，受胚牛の腹部（膁部）切開による外科的移植が実施されていた．これは人工授精と同様の子宮頸管経由移植（図15.4）の受胎率が著しく低かったためである．しかし，低受胎の原因が腟内細菌による移植器の汚染であることが明らかになり，腟通過時に移植器を外套で覆うことで，受胎率が向上した．これにより，ウシ胚移植は世界中で一般的に使用される技術となった．体内受精し，子宮に移動した胚は子宮角先端近くに存在することから，

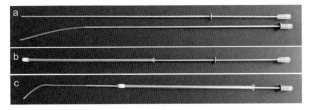

図15.7 子宮深部胚移植用カテーテル（YTガン，ヤマネテック社）
a. カテーテル部分を移植器本体に収めた状態（上）とカテーテル部を伸ばした状態（下）．b. 先端部を外套で覆った移植器．c. 外子宮口で移植器先端を外套から出し，子宮角挿入後にカテーテルを伸ばして子宮角深部に胚移植を実施．

　胚移植は子宮角先端の近くに実施するほうが受胎率は高くなる．しかし，人工授精器と同様の形状をした胚移植器を用いて子宮体深部に移植を行うと，子宮内膜を傷つけて受胎率が低下することがある．そこで，近年は柔らかいカテーテル式の移植器（図15.7）が販売されており，これを使用することで子宮角先端近くに容易に胚を注入することが可能になった．

15.5.5　胚移植の時期と部位

　胚移植は発情後7日の受胚牛に対して行うことが基本であり，受胚牛は発情同期化（15.4節参照）することが多い．胚移植には，一般的に胚盤胞を使用し，体外胚は胚盤胞を7日齢胚と想定して実施する．受胚牛の発情周期と胚日齢が前後1日程度のずれまでは，受胎率は低下しないと報告されている（7日齢胚の移植では発情後6～8日の受胚牛）．移植された胚は，栄養膜細胞から母体の妊娠認識に必要なインターフェロン・タウ（IFNτ）を分泌し，子宮内膜でのPGF$_{2α}$産生を抑制すること，産生されたPGF$_{2α}$は子宮静脈に流入して同側の黄体に作用することから，黄体退行抑制のために胚移植は黄体側子宮角に実施する．

おわりに

　ウシは，超音波検査を用いた卵巣周期（卵胞発育周期）の研究が進んでおり，体外受精技術も進んでいる．また，OPUによって様々な発育段階の卵胞から卵子を採取することが可能であるため，卵子発生能獲得についての研究も進んでいる．このことから，ウシに関する繁殖学的研究が，農家の経営改善のみならず，ヒト不妊治療など様々な学術領域の発展に寄与することが期待されている．

16

ブタの繁殖とその技術

はじめに

　ブタの飼育は 8000 年以上の歴史を有し，現在，日本で約 900 万頭，世界では約 9.8 億頭が飼育されている．ブタは多胎動物であり，主要な産業動物と比較すると，妊娠期間が短く，雌 1 頭あたりの年間生産頭数も多い（表 16.1）．近年では産子数増加を目的とした育種改良により，1 回の排卵数が平均 25 個に及ぶブタ（多産系豚）が生産現場に普及している．また，臓器の大きさ，生理学的・解剖学的特徴がヒトと比較的類似していることから，ヒト医療用モデル動物やヒトへの臓器移植（異種移植）のドナーとしても注目されている．さらに，ミニブタはペットとしての需要も高まっている．

16.1　ブタの繁殖とその技術の概要

　ブタは周年繁殖の多発情動物，多排卵（多胎）動物で，発情周期の長さは平均 21 日で，発情期は 2〜3 日である．排卵は発情期の終わり 1/3 の時期に起こり，一般的には 10〜24 個の卵胞を排卵する．

　生産現場では液状精液による人工授精が普及している．また，経産豚では，離乳時期を調節して発情を同期化することが一般的である．ブタにおいても，胚移植，胚の体外生産，胚の超低温保存技術等の繁殖技術も開発され，これらは遺伝資源の保存や医療用モデル開発などに活用されている．

表 16.1　日本と諸外国のブタの生産性

	日本	米国	デンマーク	オランダ
母豚数（千頭）	315	6,125	1,235	910
母豚あたり年間分娩回数	2.3	2.40	2.24	2.35
母豚あたり年間離乳頭数	23.69	27.35	34.00	32.11

（養豚農業実態調査報告書 令和 3 年度（一般社団法人日本養豚協会），2021 と InterPIG（Agriculture and Horticulture Development Board），2021 より作成）

16.2 ブタは成長が早く，生殖器の構造は特徴的である

　雌は生後4カ月頃から外陰部の発赤など発情徴候を示すことがあるが，この時期は排卵を伴わず，数回このような徴候を繰り返した後に5〜8カ月齢で明瞭な発情を示して排卵を迎える（春機発動）．卵巣は多数の卵胞や黄体が表面に突出している．子宮角は著しく長く，未経産豚で50〜140cm，経産豚では100〜170cmに達し，複雑に屈曲している．子宮頸管は，半球状のヒダが緊密に嚙み合って接触しており，陰茎先端のらせん状のねじれに適合するらせん構造を持ち，境界なく腟に移行する．

　雄の春機発動は，4〜5カ月齢で認められ，6カ月齢になると射精が可能となる性成熟に達する．精巣は体軸に対して斜めに位置する．副生殖腺として精囊腺，前立腺および尿道球腺を有し，尿道球腺からは射精に際して膠様物が分泌される．陰茎は陰囊の頭側で陰茎S状曲を形成し，勃起時にはこの部分が完全に伸長する．ブタの陰茎の先端はらせん状に回転しており，交配時に雌の子宮頸管のらせん状ヒダと適合する構造になっている．

16.3 雌の繁殖生理の理解は生産性を高めるうえで重要である

16.3.1　発情周期および発情期の特徴

　ブタは周年繁殖の多発情動物，多排卵（多胎）動物である．経産雌の1発情周期の長さは平均21日で，未経産雌の発情周期はこれよりも1日程度短い．雄の乗駕を許容する期間である発情期（発情持続時間）はおおむね2〜3日間（平均50時間）である．

　発情時の雌は，落ち着きがなくなる，少量の尿を頻回排泄する，他の雌の外陰部のにおいを嗅ぎ，耳をあげる，他の雌への乗駕（マウンティング）などの発情徴候を示す．雄がいる場合には，雄を探し求め，雄の鳴き声に反応して耳を立て，乗駕を許容する姿勢をとる．外陰部からの粘液は，発情前には水様性透明であり，雄を許容する頃には乳白色で粘稠性を増す．

　排卵は発情期の終わり1/3の時期（発情が36時間持続する雌豚では発情開始から24〜28時間，72時間持続する雌では発情開始から48〜54時間後）に排卵する．排卵に至る卵胞数は，一般的には平均18個程度であるが，多産系豚では，1回の排卵数が平均25個に及ぶ．

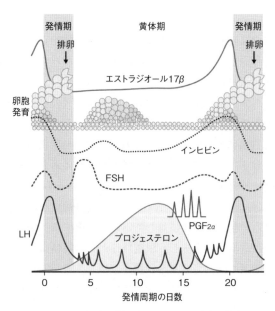

図 16.1 ブタの発情周期におけるホルモン変化の模式図
FSH：卵胞刺激ホルモン，LH：黄体形成ホルモン，PGF$_{2\alpha}$：プロスタグランジン F$_{2\alpha}$．

16.3.2 ホルモンおよび生殖器の変化

　発情後 13〜15 日に子宮からの PGF$_{2\alpha}$ 分泌により黄体が退行を始めると，プロジェステロン濃度は急速に低下し，続く卵胞発育の加速に伴って血中エストロジェン濃度が上昇する（図 16.1）．エストロジェンの急速な上昇は発情徴候と LH サージを誘起する．LH サージは発情開始 8〜15 時間後に起こり，40 数時間持続する．LH サージあるいは発情開始後にはエストロジェンおよびインヒビン濃度は急速に低下し，排卵時には最低値となる．FSH は LH サージと同時期にみられる第 1 サージと LH サージ後のエストロジェンおよびインヒビン濃度の低下によりもたらされる第 2 サージが認められ，ブタでは第 2 FSH サージのほうが明瞭である．プロジェステロンは発情周期の 1 日より分泌され始め，8〜14 日にかけてピークに達する．

　黄体退行が始まる排卵後 15 日頃には左右の卵巣に直径 2〜6 mm の小卵胞が 40〜60 個存在しており，この中から 10〜20 数個の卵胞が発育し，卵巣表面に隆起するようになる．排卵直前の成熟卵胞は直径 8〜12 mm に発育する．黄体直径は排卵後 5〜8 日までには，最大（8〜11 mm）となる．複数の黄体はそれ

ぞれ卵巣表面から突出し，卵巣はブドウの房状となる．妊娠しなければ排卵後13〜15日頃には黄体の退行が始まる．

発情開始の3日前には外陰部の充血，腫脹などの変化が現れ，発情開始1〜2日前の発情前期にはピークとなる．外陰部からは乳白色で粘稠性のある粘液が漏出することもある．発情開始時にはこれらの徴候は不明瞭となるか，消失することが多い．

16.3.3　分娩後の発情回帰

ブタの妊娠期間は平均114.7日であるが，近年普及している多産系豚では，116日程度に延長しているといわれる．授乳期（通常3〜4週間）には，卵胞は直径5mm以上に発育することはほとんどなく，生理的な卵巣休止期を示す．離乳によりLHのパルス状分泌が始まると，2〜3日後には卵胞は5mm以上となって，その後も発育を続け，通常，離乳後平均5日で発情がみられる．

分娩後の子宮修復は，分娩後12〜14日頃に進み，21〜28日頃までに完了することから，分娩後3〜4週後に離乳すると繁殖効率が高くなる．

16.4　発情診断および交配（授精）適期の見極めは妊娠させるための大前提である

発情期には，雄の存在およびにおいにより発情徴候は明確になり，随時，耳を立てる，雄を探索する行動などがみられる．発情雌は，活動量の増加とともに，他の雌への接触が増える．また，発情開始前にみられた外陰部の腫脹，発赤が消失することや，腟粘液が水様性透明から乳白色へ変化することで，発情の始まりを確認することができる．

実際には1日2回朝夕の発情観察を行い，雄がともに飼育されている場合には，雄豚を用いて発情の有無を確認する．雄が不在の場合，雌に発情徴候がみられたら，飼育者が雌の背にまたがったり，腰背部を手で押さえたりする**背圧試験**（back pressure test）により，雌がじっと静止して耳を立て，尾を上げて雄を許容する姿勢（**不動化反応**：immobility response, standing heat reflex）を確認する（図16.2）．

最初に不動化反応が確認されてから半日後（不動化反応は持続している）に交配または人工授精を開始する．養豚場によっては不動化反応が消失するまで，半日あるいは1日おきに2〜3回の交配（授精）が行われている．

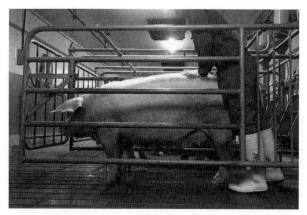

図16.2 ブタの背圧試験における不動化反応

16.5 人工授精は生産現場でも普及している

16.5.1 精液採取

ブタでは**用手法（手圧法）**による精液採取が一般的である．種雄豚を擬牝台(ぎひんだい)に乗駕させたあとに陰茎のらせん部分を握り，陰茎先端を親指で強く圧迫して射精させる（図16.3）．精液は，採取容器の上部に二重ガーゼ等を装着して膠様

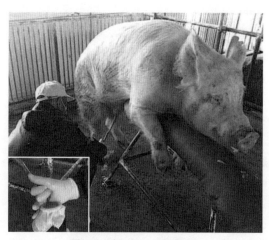

図16.3 手圧法による精液採取

 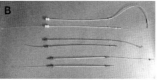

図 16.4　ブタの人工授精用カテーテル
A：子宮頸管内注入用カテーテル，B：子宮深部注入用カテーテル．

物を除去して採取する．射精は5〜15分間持続し，射出開始直後数分間の間に総射出精子の約80％を含む濃厚な精液を射出する．人工授精の目的では濃厚部精液のみ採取する．

16.5.2　人工授精

通常，15〜17℃で保存された液状保存精液を3〜4日以内に用いる．また，新鮮精液や凍結保存精液も利用できる．精液は，あらかじめ35℃程度に加温する．ブタの精液注入器は，授精部位により子宮頸管内に注入する**子宮頸管内授精用注入カテーテル**（図16.4A）と，子宮体部または子宮角内に注入する**子宮深部授精用注入カテーテル**（図16.4B）に大別される．子宮頸管内授精用注入器は，注入器先端の形態からスパイラル式とスポンジ式の2つに区別される．精液注入カテーテルをやや上向きにして10〜15 cm腟内に挿入し，次いで，カテーテルを水平にして20〜25 cm挿入すると子宮頸管に到達する．スパイラル式カテーテルの場合は反時計回りにねじりながら挿入し，スポンジ式カテーテルの場合は外子宮口に押し当て，先端を子宮頸管内に固定する．その後，精液は2〜3分間かけて30〜70 mLの所定量を注入し，精液の逆流漏出を防ぐため注入後も1〜2分間は注入器を挿入した状態で維持し，その後に抜去する．

子宮深部授精用注入は，外筒と内筒に分けられ，外筒先端を子宮頸管内に留置した後に，ラバー製の内筒を精液注入による加圧により子宮体部に押し出すか，あるいは，外筒よりも細い内筒カテーテルを深部に進入させていき，内筒先端を子宮体部から子宮角内に到達させて精液を注入する．子宮深部授精は，子宮頸管内授精と比べ，少ない注入精子数で同等の受胎率や産子数が得られる．

16.6 発情同期化は計画的な子ブタ生産のために重要である

　ブタの群管理技術は，子ブタの計画生産や生育ステージをそろえることにより効率的に飼育して，生産性を向上させるために重要で，雌の発情期を同調させ，交配，分娩，離乳をそろえる必要がある．経産豚では，授乳期間を短縮あるいは延長し，離乳を同時に行うことで，比較的容易に任意の時期に発情を発現させることができる．また，離乳時の経産豚や春機発動前の発情周期を営んでいない未経産豚では，ウマ絨毛性性腺刺激ホルモン（eCG）とヒト絨毛性性腺刺激ホルモン（hCG）の合剤あるいはそれらの併用投与によって発情を同期化する方法が報告されている．

　発情周期を営むブタの発情同期化法として，黄体機能を制御して黄体期を短縮あるいは延長する方法がある．黄体退行を促進して発情周期を短縮するためには，$PGF_{2\alpha}$ を発情開始後 5 日目から 1 日 2 回 6 日間あるいは 8〜10 日目から 1 日 2 回 3 日間，反復投与する必要がある．

　ブタは，妊娠 11〜12 日目と 14 日目以降に胚が放出するエストロジェンを母体が認識して，黄体退行を起こさずに妊娠状態を維持する（第 14 章参照）．この妊娠成立機構を模倣して，発情開始後 9〜13 日目にエストラジオール 17β 製剤を投与することで，豚に偽妊娠を誘起することが可能であり，このように作出された偽妊娠ブタでは，$PGF_{2\alpha}$ 投与後 4〜6 日に発情が集約して発現する．

　海外ではブタの発情同期化法として，合成プロジェステロンであるアルトレノジェストを 7〜18 日間経口投与する方法が活用されている．アルトレノジェストを経口投与中は，発情周期中の黄体が退行しても発情は抑制され，投与終了後 3〜10 日目に発情が回帰する．

16.7 ブタにおける胚移植は感染症対策としても有用である

　胚移植は，外部から種豚を生体で導入する場合に比べごく小さな容器に入った胚を輸送すればよいので，①輸送コストが少ない，②輸送時のトラブル（輸送ストレスなどによるブタへの影響）が少ない，③病気に汚染されているブタを導入するリスクがほとんどない，④逆に，病気に汚染されている農場へ非汚染農場から導入する場合，妊娠・分娩を経過することにより，移行抗体が得られるので，病気に強くなる，⑤世界的な感染症（口蹄疫，豚熱，アフリカ豚熱

など）の流行に対処するため，貴重・希少な種豚遺伝資源を胚として超低温保存しておくことで遺伝資源の復活が速やかに行える，といった利点がある．

16.7.1 過排卵処理

ブタの過排卵には，eCG 単独あるいは hCG の併用が行われる．性成熟前のブタでは 5 カ月齢以上の任意の時期に，経産豚では離乳時あるいは離乳翌日に，eCG を 1,000～1,500 IU，その 72 時間後に hCG を 500～750 IU 投与する方法が一般的である．排卵は hCG 投与後 40～48 時間程度に起こるため，hCG 投与後 24～36 時間に人工授精または自然交配を行う．

16.7.2 胚 の 採 取

胚の採取は開腹手術あるいはと殺後に生殖器を採取して行われる．4 細胞期以前の胚は卵管洗浄で回収するが，それ以降は子宮灌流により実施される．ブタでは子宮角が長いため，開腹手術で子宮を露出して胚を回収する．ブタは仰臥姿勢で保定した後，全身麻酔下で正中線切開により行う．

灌流部位は，胚の発育段階が 4 細胞期以前であれば卵管内をシリコンチューブを用いて灌流し，4 細胞期以降であれば子宮角先端部付近をバルーンカテーテルを用いて灌流する．

16.7.3 胚 移 植

a. 外科的移植法

正中線切開による開腹手術により行う．ブタ胚は子宮内を移動して着床するので，移植は片側の子宮角内に行うだけでよい．子宮角先端から数 cm の部位に，鈍性に小孔を開ける．パスツールピペットなどに胚を吸引し，これを子宮角壁に開けてある小孔に差し込み，胚を少量の液とともに子宮内に押し込む．ブタは多胎動物であるため，通常，排卵数と同程度の 15～20 個程度の胚を移植する．この場合，80％以上の受胎率を得ることができるが，産子数は人工授精した場合に比べ若干劣る．

b. 非外科的移植法

近年，子宮深部授精用カテーテルに類似した外筒を子宮頸管内に挿入し，その内側に通して子宮角に挿入する非外科的胚移植用カテーテルも数種が市販されている（図 16.5）．非外科移植による胚移植では，平均 70％程度の受胎率と

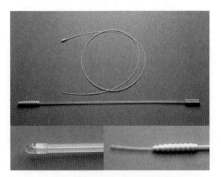

図 16.5　ブタの子宮深部非外科的胚移植用カテーテル

7頭程度の産子が得られることが報告されている.

16.8　ブタ胚は低温障害を受けやすいが，ガラス化凍結法により超低温保存が可能である

　ブタ胚は，ウシやマウスなどに比べ極めて低温に弱く，液体窒素中に冷却して長期に保存する技術の確立が遅れていた．しかし近年，ごく少量の保存液とともに胚を直接液体窒素中に浸し，超急速に冷却してガラス化するガラス化凍結法が開発され，フィルムのように薄いプラスチックや金属メッシュの上に胚をのせる方法，胚が入った小さな凍結液の水滴をつくり液体窒素で冷却する方法などで超急速冷却した胚から子ブタが生産されている．

16.9　胚の体外生産は医療用モデルブタの作出にも活用される

　ブタ胚の体外生産技術の畜産業における商業的価値は，ウシほど高くはない．しかしこれらの技術は，医療用実験モデルとして期待される遺伝子組換えブタの生産などに活用されている．

　食肉処理場で摘出された卵巣表面の小卵胞（直径3～6mm）から，未成熟卵子を採取する．また，経産豚では，超音波ガイド下経腟採卵法（OPU）によって，生体から卵子を採取することも可能である（図16.6）．

　3層以上の緻密な卵丘細胞層に覆われ，卵細胞質に変性のない卵丘細胞・卵子複合体を選別する．未成熟卵子は，44～48時間培養することによって成熟させる．適切な培地を用いて培養すると，80～90％の卵子が第2減数分裂中期

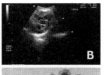

図 16.6 ブタの生体内卵子吸引（OPU）
A：OPU の様子，B：経腟超音波ガイド下での卵巣の描出，C：OPU により採取したブタ卵子．

1細胞期胚（接合子）　　2細胞期胚　　　4細胞期胚　　　桑実胚　　　　胚盤胞

図 16.7 体外生産したブタ胚

達する．

　ブタでは，液状保存精液や凍結精液が体外受精に利用される．体外受精培地には，精子の受精能獲得を誘起，促進するための工夫がなされており，媒精時の精子濃度および媒精時間は，方法により様々である．しかしいずれの方法によっても，受精率や受精後の胚の発生率は使用する精液のロットで差異がある．体外受精の条件を検討し調整した場合，90％以上の精子侵入率が得られる．しかし一般的に，ブタでは多精子受精率が高く（30～60％），正常受精率は50％以下であることが多い．

　体外受精した胚は，5～7日後に胚盤胞へと発生する．各種アミノ酸を添加した完全合成培地であるPZM-5で体外受精胚を5日間培養すると，60～70％の卵割率と20～40％の胚盤胞への発生率が得られる（図16.7）．また，体外受精後にPZM-5で培養して作製した胚盤胞を外科的にレシピエントの子宮内に移植すると，1頭あたり17個以上の胚を移植した場合では100％の受胎率が得られている．

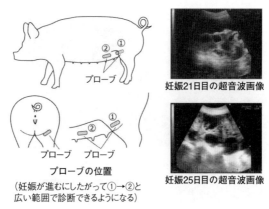

図 16.8　超音波検査法によるブタの妊娠診断

16.10　そのほかの繁殖技術

16.10.1　妊娠診断

　養豚生産現場においても，近年，超音波画像診断装置を用いた妊娠診断技術の導入が進んでいる．超音波画像診断は，体表用プローブを用いて最後乳頭から 2 番目付近（図 16.8）の皮膚に密着させ，体の中心部に向けて胎嚢や胎子を検索する．胎嚢は妊娠 18〜21 日頃から確認でき，妊娠 25 日以降には胎子も確認でき，適中率はほぼ 100％である．近年小型化されて性能も高まり，診断に要する時間も短く，操作も簡単であることから利便性は高い．

16.10.2　分娩誘起

　分娩予定数日前における $PGF_{2\alpha}$ の筋肉内投与により平均 23〜25 時間前後に分娩が誘起される．$PGF_{2\alpha}$ 製剤投与後 24 時間にオキシトシンを併用投与する方法もある．妊娠満期より早すぎる分娩誘起は胎子の生存率が低下することから，妊娠 113 日以降に処置する．

16.10.3　医療用モデルブタ

　ブタは，生理的・解剖学的性質やゲノム DNA 配列に加え，身体の大きさや寿命の長さなど，多くの特徴において，マウスに比べてヒトとの類似性が高い動物である．そのため，ヒトへの外挿を目指した研究における実験動物として

有用である．近年，体細胞クローン技術やゲノム編集技術を利用することにより，遺伝子ノックアウトを含む遺伝子組換え技術のブタへの応用がなされている．

　ヒト家族性高コレステロール血症のモデルとなる低密度リポタンパク質（LDL）受容体遺伝子ノックアウトブタ，免疫系細胞の発生・分化に重要な IL-2 受容体 γ 鎖遺伝子ノックアウトによる免疫不全ブタ，ヒトの変異型肝細胞核因子遺伝子の導入によるヒト若年発症成人型糖尿病モデルブタなど多くのヒト疾患モデルブタが作出されている．

　ブタ臓器を慢性的に不足しているヒトへの移植用臓器として用いる（異種移植）研究においては，ブタ臓器表面にある糖鎖抗原に起因する超急性拒絶反応の克服が大きな課題であったが，糖鎖を切断する酵素のノックアウトやヒトの補体反応を抑制する補体制御因子などを共発現するブタを作製することにより，ヒトの急性期拒絶反応を回避可能なブタが作出されている．

おわりに

　養豚業は世界中で営まれている．世界の豚肉生産量は，年間 1 億トンを超え，鶏肉に次いで多く，主要な動物性タンパク質の供給源となっている．ブタは多産で，子ブタの成長も早いが，とりわけ先進諸国では，多数のブタを狭い土地で集約的に管理して，効率的に食肉生産を行うことで，さらなる生産性の向上が図られている．これらを実現するためには，ブタの繁殖生理を理解し，その能力を最大限引き出すような繁殖技術や繁殖管理技術が必要である．養豚は世界の食料供給だけでなく，医療の発展の面でも SDGs の達成への貢献が期待される．

17

ニワトリの繁殖とその技術

はじめに

　　ニワトリをはじめとした鳥類では，哺乳類とは配偶子の大きさや形態が大きく異なり，卵子は極めて大型でかつ極端な端黄卵である．精子頭部の形態も哺乳類とは大きく異なる．また，受精・繁殖様式についても，哺乳類にはない鳥類特有の現象が多く観察されることから，基礎研究の対象として非常に興味深い材料である．しかし，研究者人口の少なさや研究材料としての扱いの難しさも相まって未解明の現象が多い．鳥類は世界に約1万種が存在し，その体格，羽装，食性，行動などにおいて進化的に大きな多様性を示す．近年，鳥類のゲノム解析が進み，35の鳥類目のうち32に相当する48の鳥類のゲノムが明らかになった．この中で，特に，肉や卵の生産を担うニワトリ，シチメンチョウおよびウズラなどの家禽に関する繁殖メカニズムの理解は，効率的な生産を目指したり，貴重な遺伝資源を保存したりといった観点から極めて重要であるといえる．

17.1　ニワトリの繁殖とその技術の概要

　ニワトリの生殖器官は雌では左側のみが発達し右側は発生の途中で退化する．卵巣は，排卵に至る明確な序列を示す大きさの異なる**黄色卵胞**がブドウの房状に付着する特徴的な形態を示す．サイズの小さな**白色卵胞**も無数に存在し，最大卵胞が排卵されると，白色卵胞から1つが急速に成長し，黄色卵胞が補充される．このような**卵胞の序列**（ヒエラルキー）が機能するため，ニワトリは連続して産卵を繰り返すことが可能である．ある程度連続して産卵を行った後に，産卵を行わない休産がみられ，休産から次の休産までの連続したひと続きの産卵のことを**クラッチ**と呼ぶ．排卵された卵子は長い卵管を25時間ほどかけて下り，その間に卵白，卵殻をはじめとする数種類の**卵外被**をまとって体外に放卵される．雄では左右の精巣が腹腔内に位置し，41℃という高体温下で精子形成を行う．精巣上体のような副生殖腺は未発達である．精子は受精能獲得の

必要がなく，射出直後に受精能を持ち，精巣精子であっても卵管の上部に人為的に注入することで受精卵を得ることが可能である．ニワトリの受精は卵管の入り口である漏斗部で起こる．卵管を上ってきた精子とここで出会い，精子は卵子の外側を覆っている**卵黄膜内層**をプロテアーゼで分解し，卵細胞質内に侵入する．大きな特徴としては，この際に1個の精子ではなく，複数の精子が卵細胞質内に侵入する**多精子受精**を行う点である．多精子受精を行う生理的な意義としては，巨大な卵子の減数分裂の開始などの卵子活性化の過程に，複数の精子の侵入が必要であるためと解釈されている．また，もうひとつの特徴として，精子は受精に先立って，卵管の**精子貯蔵管**に貯蔵されることがあげられる．これは，排卵のタイミングに合わせて精子貯蔵管から精子を放出することで効率よく受精を達成するだけでなく，精子貯蔵管において雌が自身の受精に好ましい精子を選抜する可能性も指摘されている．産卵された受精卵は母鳥により抱卵され，孵化したヒナは育雛される．この一連の行動は**就巣行動**と呼ばれ，産業動物としてのニワトリの行動としては生産効率の低下を招くため，産卵鶏では，育種によって行動が除去されている．繁殖技術としては，哺乳類と同様に人工授精が可能であるが，希釈液，保存方法などは開発途上であり改良の余地が大いにある．最近では，遺伝資源の保存，遺伝子改変・ゲノム編集ニワトリの作出への応用の目的で，**始原生殖細胞**の培養技術の開発が急速に進みつつある．一例として，鶏卵の主要なアレルゲンであるオボムコイドの遺伝子をノックアウトすることによって低アレルゲン鶏卵を生産する遺伝子改変ニワトリが作出されている．

17.2 ニワトリの卵巣と卵管は左側だけが発達する

　雌の生殖器官である卵巣と卵管は，初期胚において出現する左右一対の生殖腺および雌の生殖原基であるミューラー管からそれぞれ発達する．哺乳類では雌のミューラー管は左右とも発達するのに対し，鳥類の雌ではタカ等一部の種を除き左側のみが発達して卵管となり，右側は孵化前の段階で発達を停止する．性成熟した雌の卵管は全長60 cmほどで，腟口，尿道口および肛門がそれぞれ独立する哺乳類とは異なり，鳥類では卵管の後端が総排泄孔（クロアカ）へ開口しているため，卵と糞尿はともに総排泄孔を通って排出される（図17.1）．

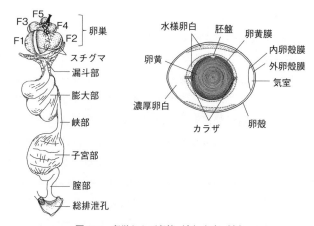

図17.1 卵巣および卵管（左）と卵（右）
F1卵胞から排卵された卵子は漏斗部へ取り込まれ，卵管内を輸送される過程で卵が形成される．

17.3 ニワトリ卵子は巨大である

　産卵期のニワトリの卵巣はブドウの房状の形態をしており，発達過程の様々なサイズの卵胞が観察される．卵胞には大きく分けて白色卵胞と黄色卵胞があり，黄色卵胞の中で最も大きいものを最大卵胞（F1），2番目を第2位卵胞（F2），以下同様にF3，F4，F5と呼んでいる．このような様々なサイズの卵胞には序列性（ヒエラルキー）が認められ，F1が排卵された後はF2が発達してF1となりF3がF2となる，といったように序列を維持しながら発達する．卵胞中の卵母細胞は1層の顆粒膜細胞に覆われ，さらにその外側を卵胞膜に包まれている．発達した卵胞には卵胞膜上に血管が観察されるが，一部血管がないようにみえる帯状の領域（スチグマ）があり，排卵の際はスチグマを起点に卵胞膜が破れ卵子が放出される．鳥類の卵子は大量の卵黄を含む端黄卵で，哺乳類の透明帯に相当する卵黄膜内層に覆われており，細胞質と核は直径2mm程度の胚盤に局在する．最大卵胞内の卵子は排卵前に第1減数分裂を完了し，第2減数分裂中期で停止した2次卵母細胞として排卵される．

17.4 ニワトリは1日に1個産卵する

　卵が完成する過程を**卵形成**という．ニワトリの場合，性周期（排卵周期）は約25時間で，卵形成にも同程度の時間を要する．ニワトリは通常午前中に放卵し，放卵の数十分後に次の排卵が起こるため，放卵時刻は日ごとに遅い時刻へずれていく．ニワトリはある日数連続して産卵すると，1〜2日休産した後に産卵を再開する．休産と次の休産の間の連続した産卵をクラッチといい，産卵周期とはクラッチ日数のことを指す．産卵周期の長さには個体差があり，産卵周期が一定でない場合もある．排卵された卵子が卵管内を輸送される過程で，図17.1に示した卵の構成成分が順次形成される．以下に卵管各部の構造と卵形成における役割を示す．

　漏斗部は卵管の前端に位置し，その名の通り漏斗のように広がり排卵卵子を卵管内へ取り込む役割を果たす．漏斗部に取り込まれた卵子は精子と出会い受精した後，卵黄膜外層およびカラザ層に覆われる．精子が卵子と受精可能な時間は，卵子が漏斗部を通過するまでの約15分間に限られる．膨大部は卵管全長の約半分を占め，厚みのある発達したヒダが認められる．膨大部の上皮には管状腺が観察され，オボアルブミン，オボトランスフェリン（コンアルブミン），リゾチームといった卵白の構成タンパク質を多量に分泌する．卵子は約3時間かけて膨大部を通過し，卵子周囲に濃厚卵白が形成される．峡部は膨大部よりも細く，粘膜のヒダも小ぶりである．峡部の管状腺はコラーゲン等のタンパク質を分泌し，これらのタンパク質は高度に架橋して卵殻膜となる．卵子が峡部に差し掛かった段階で内卵殻膜が，峡部に入ると外卵殻膜が形成され，約1.5時間で峡部を通過する．子宮部は卵殻腺とも呼ばれ，他の部位より管径が大きく，縦走筋が発達し管壁には厚みがある．薄い褐色を呈する粘膜のヒダには多数の管状腺が存在する．子宮部では水分および無機イオンが卵殻膜を通して卵白へ供給され，濃厚卵白の一部が水様卵白となる．加えて，カルシウム（主に炭酸カルシウム）とクチクラが順次沈着し，約20時間かけて卵殻が完成する．また，子宮部に滞留している形成過程の卵（子宮卵）は子宮部内で回転しており，この回転によりカラザ層が捻れてカラザが形成される．腟部は輪走筋が発達しており，粘膜上皮は薄く平たいヒダ状である．子宮部で完成した卵は数分で腟部を通過し放卵される．放卵後は，卵の鈍端側の内卵殻膜と外卵殻膜が分離して気室が形成される．

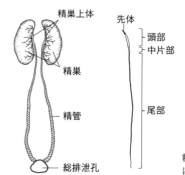

図17.2 精巣（左）および精子（右）
精巣は体内に格納されている．精子頭部は細く，わずかに屈曲する．

17.5　ニワトリの精巣は体内にある

　ニワトリの雄の内生殖器は哺乳類と同様に精巣，精管および副生殖器で構成されるが，鳥類の精巣は腹腔内に位置する点は哺乳類との特筆すべき相違点である．ニワトリの体温は41℃と高温であるが，このような高温下で正常な精子形成が行われる点が哺乳類にはない特徴のひとつである．外生殖器は退化しており，多くの鳥類と同様哺乳類のような陰茎はみられないが，水禽類（アヒル等）は発達した陰茎を持つことが知られる．精巣と精管は，胚発生初期に生殖腺およびウォルフ管からそれぞれ発達する．また，精巣上体の発達が悪く，成熟精子は射精まで精管に蓄えられる．精子形成は哺乳類と同様に起こると考えられる．射出精液量はニワトリでは約0.3 mL，ウズラでは0.012 mL程度，精子濃度はニワトリでは約30億精子/mL，ウズラでは約40億精子/mLと報告されている．成熟精子の頭部の形態は哺乳類と大きく異なり，わずかに屈曲した円柱状である（図17.2）．

17.6　ニワトリの精子には受精能獲得が必要ない

　鳥類の精子の大きな特徴としてあげられることは，受精能獲得が受精に不要であることである．これは，精巣から単離した精子でも，卵管の上部に注入すると受精卵が得られることから示されている．精巣内の精子は運動能を持たず，腔内に注入しても受精卵は得られない．このことから，少なくとも，通常の受精には精子の運動能の獲得は必須であると考えられる．しかし，運動能がなく

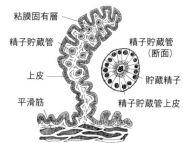

図17.3 子宮腟移行部粘膜の顕微鏡像（左）および模式図（右）
精子貯蔵管は子宮腟移行部粘膜のヒダに埋め込まれるかたちで存在する．人工授精後の雌では精子貯蔵管内に貯蔵精子が観察される．

ても卵管上部に注入した場合には受精卵が得られることから，卵管上部における精子の移動は精子自身の運動によるものではなく，卵管の収縮や卵管上皮の線毛の働きによるものであると考えられる．

17.7　ニワトリは卵管内で精子を長期間貯蔵する

精子貯蔵（貯精とも呼ぶ）とは，交尾後に精子が雌の体内または体表の器官で貯蔵されることをいう．精子貯蔵は多くの分類群で広く観察される現象であり，優れた生殖戦略である．哺乳類では一部の動物を除き，精子貯蔵を行わない．鳥類では卵管内に存在する精子貯蔵管で精子貯蔵が起こり，ここでの精子貯蔵が行われなければ効率よく受精卵を得ることはできない（図17.3）．

17.7.1　精子貯蔵管の構造と精子貯蔵の制御

鳥類は子宮腟移行部に数千本の精子貯蔵管を有し，数日から数カ月間精子を貯蔵できる．精子が精子貯蔵管へ侵入するには運動性が必要であり，ウズラ精子では運動性に加え，精子表面に局在するある種の糖鎖が精子貯蔵管への侵入に関与している．精子貯蔵管の上皮細胞にはグリコーゲン顆粒が存在し，上皮の管腔側からエキソソームや微小小胞体のような細胞外小胞が分泌される．これらの構造は精子貯蔵管内に貯蔵されている精子への呼吸基質供給に関わると考えられているが，詳しいことはよくわかっていない．ウズラの精子貯蔵管上皮は嫌気呼吸を介して乳酸を大量に合成・分泌しており，精子貯蔵管内に分泌

された乳酸が管腔内の pH を酸性化することで貯蔵精子の運動を抑制している．また，精子貯蔵管内に存在するアルブミンやトランスフェリンといったキャリアータンパク質が貯蔵精子の保護に寄与することが示唆されている．貯蔵精子は排卵の数時間前に精子貯蔵管から放出される．精子の放出は血中のプロジェステロン濃度によって制御されており，排卵前に血中プロジェステロン濃度が一過的に上昇すると精子貯蔵管が収縮し，管から押し出されるようにして貯蔵精子が放出される．

17.7.2 精子貯蔵の意義

ニワトリの排卵周期は約 25 時間であり，排卵後の卵子は卵管内をおよそ 1 日かけて移動する．その過程で卵管から分泌される卵白，卵殻膜および卵殻の成分が卵子の周囲に付着し，最終的に卵（たまご）となって放卵される．卵子が受精可能な時間は排卵直後のわずか 15 分程度だが，鳥類の雌は精子貯蔵管からの精子の放出を排卵周期に応じて厳密に制御することで卵子と精子を適切な時期に出会わせる仕組みを持ち，受精卵を何日間も連続して産み続けることが可能である．もしニワトリが精子貯蔵を行わなかったとしたら，精子が卵管を遡上して受精の場へ到達するタイミングと卵子が受精可能である排卵後 15 分間のタイミングがちょうど合うように交尾できた場合にしか受精できず，翌日以降も同様に厳しい時間的制約をクリアしていかなければ子孫を繁栄させられないという，種として存続するのが難しい動物になっていただろう．

進化的な観点からは，精子貯蔵器官は精子の選択が行われる場として大きな意味を持つと考えられている．雌による精子の選り好みは **cryptic female choice**（隠れた雌の選択）と呼ばれ，**精子競争**（sperm competition）とともに交尾後性選択を引き起こし，種分化を促すとされている．cryptic female choice はそのメカニズムがほとんど明らかになっていないが，ウズラではより長い鞭毛を持つ精子が貯蔵されやすいことが報告されている．

17.8 ニワトリは多精子受精をする

鳥類の卵子は極端な端黄卵であり，胚盤と呼ばれる直径 2 mm ほどのディスク状の部分に卵子の核が局在している．よって，精子は胚盤部分に侵入しないと受精できない．ニワトリやスズメ目の鳥類では，胚盤部分に精子が集中的に

侵入する現象が観察されており，そのメカニズムは不明であるが，ウズラでは
胚盤部分とそれ以外の部分で細胞膜に存在する膜タンパク質の組成が異なるこ
とが報告されている．加えて，ほとんどの動物種において，受精の際には1個
の精子のみが1個の卵細胞質に侵入する単精受精を行うのに対し，鳥類では，
1個の卵細胞質に複数の精子が侵入する多精子受精を行う．鳥類の卵子では，多
くの動物で多精子受精を拒否する反応として知られる透明帯反応および卵黄遮
断に類似した反応はみつかっていない．鳥類がなぜ多精子受精を行うかについ
ては長年不明であったが，近年の研究から，受精の初期現象である卵子活性化
と関連していることが明らかになった．鳥類の胚盤の体積は他の動物の卵子と
比較して極めて大きく，このような巨大な卵子を受精時に活性化するためには，
複数の精子が連続的に卵子に侵入する必要があると考えられている．

　卵内に侵入した複数の精子のほとんどが前核を形成するが，雌性前核と融合
する精子核は1個のみであり，2倍体での発生が成立する．雌性前核と融合す
る精子核を**主雄性前核**と呼び，それ以外の精子核を**付属雄性前核**と呼ぶ．付属
雄性前核は，卵表層へと移動し，有糸分裂を起こしたあと消失する．たくさん
の雄性前核の中から，いかにして1つの雄性前核が選ばれるのか，その仕組み
はよくわかっていない．

17.9　育種選抜が進んだニワトリでは就巣性が失われている

　就巣とは鳥類の繁殖周期の中で認められる行動のひとつであり，抱卵行動と
育雛行動の2つの行動からなる．雌は卵を産むとヒナを孵化させるために腹部
に卵を抱え込む抱卵行動を行う．ヒナが孵化した後は，ヒナの体温を維持する
ために，ヒナを羽や腹部で覆い暖める．また餌や水を与える，あるいはヒナの
まわりに餌を撒くなどの育雛行動を行う．いったん就巣を開始すると，次回の
産卵までに1〜3カ月を要するため，就巣行動は産業上好ましくない形質として
除去する試みがなされている．産業動物であるニワトリは，産卵能力や産肉量
などを改善する目的で品種改良がなされており，結果として，高産卵能力に基
づいて選抜されたニワトリの品種・系統では，就巣性が除去されている．一方，
選抜改良の途上にある地鶏や産卵能力に関する選抜が行われていないウコッケ
イ（烏骨鶏）では，就巣する個体が散見される．

17.10 人工授精で受精卵を生産できる

ウシ，ブタ等の家畜と同様，家禽も人工授精により受精卵を生産することができる．家禽の採精には腹部のマッサージによる方法，交尾後の総排泄孔から搾精する方法，採精器を用いた方法等が提案されており，ニワトリでは腹部マッサージ法が採用されている．採取した原精液はそのまま，またはレイク液（Lake's solution）等で希釈した後，シリンジや精液注入器を用いて雌の腟部内へ注入する．放卵直後の雌は受精率が低下することが知られており，放卵後しばらく時間をおいてから人工授精することが望ましい．ニワトリ精子は液体窒素中での凍結保存が可能であるが，シチメンチョウ精子は凍結保存後に著しく受精能が低下する．また，家禽精子は採精後数時間で急激に運動性および受精能が低下するため，採精または凍結融解後の精液は速やかに使用する必要がある．

17.11 始原生殖細胞を利用して遺伝資源を保存する

鳥類の初期胚は巨大で非常に多量の卵黄を含むため，初期胚の凍結保存による遺伝資源の保存は困難である．したがって，鳥類の遺伝資源の保存には生殖細胞への分化能を有する始原生殖細胞（PGC：primordial germ cells）が利用される．放卵直後にあたる胚盤葉期には PGC がすでに出現しており，発生が進むと PGC は血流にのって胚体外を移動した後，生殖隆起へ定着して活発に増殖を始める．ニワトリでは孵卵 2.5 日胚の血液から PGC を分離・培養する方法が確立されており，回収したドナー PGC をレシピエント胚へ移植することにより，生殖腺内にドナー由来の生殖細胞とレシピエント由来の生殖細胞を持つ生殖系列キメラが得られる．この生殖系列キメラはドナー PGC 由来の精子または卵子を産生するため，生殖系列キメラを交配することによりドナー由来のゲノムを持つヒナを得ることができる．PGC は凍結保存が可能であるため，希少系統の家禽や絶滅危惧種の鳥類等の遺伝資源を PGC として保存する試みが進められている．また，PGC へゲノム編集等の遺伝子改変を施すことで遺伝子改変鳥類を作出する方法も報告されており，近年では，鶏卵の主要なアレルゲンであるオボムコイドの遺伝子をノックアウトすることによって低アレルゲン鶏卵を生産する遺伝子改変ニワトリが作出されている（図17.4）．

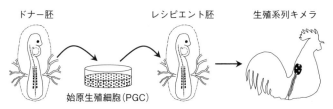

図17.4 始原生殖細胞(PGC)の移植による生殖系列キメラの作出

ドナー胚の血液から回収したPGCを培養し，レシピエント胚へ移植する．孵化した個体は生殖細胞の一部がドナー由来のキメラとなる．

おわりに

　鳥類の繁殖に関する研究は，生殖科学の基礎研究の推進という側面のみならず，食品産業においても非常に重要である．古典的な品種改良，DNAマーカーを用いたマーカーアシスト選抜等によって，ニワトリの産卵および産肉成績は飛躍的に改善された．しかし，その改善は限界近くに達しており，人口爆発に伴う食糧難が懸念されている中，特に家禽に関する生殖研究および生殖研究の応用分野である生殖工学の発展は，これからますます重要になってくると思われる．

18

家畜の繁殖障害

はじめに

畜産業では，時に人為的なプロセス（発情同期化や排卵同期化，人工授精，胚移植，分娩誘起など）を経ながらも，家畜の各動物種が持つ生殖機能をベースとした**繁殖周期**が繰り返される．その過程において，個々の動物の健康を損なうことのない範囲で，できるだけ効率的に（できるだけ短いサイクルで，あるいは単位期間あたりできるだけ多くの）産子を得ること（＝生産性を向上させること）が生産者（経営者）側の視点として求められている．しかしながら，雌側あるいは雄側において様々な原因で繁殖がうまくいかない状態に陥ることがある．この状態を繁殖障害と総称する．家畜の繁殖障害は畜産の生産性を損ねることから経済的損失を伴う．したがって，生産現場においては繁殖障害を早期に発見し，経済的損失が最小となるような対応をとることが大切である．また，繁殖障害の原因を追究し，予防措置を講じることで繁殖障害の発生を可能なかぎり少なくすることも重要である．

18.1 家畜の繁殖障害の概要

繁殖が妨げられる状態はすべて繁殖障害であり，本書でもその定義に従っている．人工授精や胚移植が繁殖の主要な手段となるウシの生産現場（農場レベル）で問題となるのは雌の繁殖障害である．雌においては，いわゆる不受胎（infertility）を狭義の意味で繁殖障害と呼ぶこともできるが，広義の繁殖障害には先天的異常，不受胎(受胎前の異常)，妊娠期の異常，分娩時の異常，**産褥期**の異常などが含まれる（表 18.1）．雌の繁殖障害は，①**春機発動**（生殖機能が発現し始める時期）を過ぎても（未経産個体），あるいは分娩後の生理的卵巣休止期（ウシで 40 日，ブタで離乳後 2 週間）を過ぎても卵巣機能が正常に回復しない，あるいは子宮修復が完了しないために交配できないもの（卵胞発育障害，**卵巣囊腫**，**鈍性発情**，**子宮蓄膿症**など），②発情は発現するが卵巣や子宮などに

表 18.1 雌家畜における繁殖ステージ別の繁殖障害の原因・病態例

未経産個体		経産個体			
春機発動前の異常	春機発動後の異常	交配前の異常	妊娠期の異常	分娩の異常	産褥期の異常
先天的な異常（染色体異常，フリーマーチン，奇形，遺伝病など）	後天的な異常・飼養管理の失宜（栄養不良，陰門狭窄など）	後天的な異常・飼養管理の失宜（栄養不良，発情の見逃しなど）	胚死滅（ホルモン分泌不足，栄養不良，リピートブリーディング，暑熱ストレス，全身性疾患など）	長期在胎（胎子の奇形など）	産道損傷（腟炎，子宮内膜炎など）
後天的な異常・飼養管理の失宜（栄養不良など）	卵巣発育不全	卵巣機能回復不全（卵胞発育障害，鈍性発情，排卵障害，卵巣嚢腫など）	流産（感染性，非感染性）	母体の異常（子宮捻転，子宮脱など）	悪露停滞
		子宮修復不全（子宮内膜炎，子宮蓄膿症など）	母体および胎盤の異常（胎膜水腫など）	難産，死産	産褥性子宮炎
		受精障害（排卵障害，卵管閉塞，リピートブリーディング，不適期授精，授精技術の失宜など）	胎子の異常（ミイラ変性，胎子浸漬など）	胎盤停滞	

異常があり，交配しても受精が成立しないもの（排卵障害，卵管炎，**子宮内膜炎**など），③受精が成立しても妊娠が維持されないもの（**胚死滅**や流産，胎子ミイラ変性や胎子浸漬〔しんし・しんせき〕など），④分娩前の異常（**長期在胎**，子宮捻転など），分娩中の異常（難産，死産，**胎盤停滞**など），分娩後早期の異常（悪露〔おろ〕停滞，子宮炎など），に大別される．また，通常の検査では生殖器に異常は認められないものの，繰り返し交配しても受胎しない**リピートブリーダー**も繁殖障害のひとつである．なお，受胎とは胚が子宮に着床し，その後の発育が可能になった状態を意味し，妊娠初期の一時期を画して称する．一方，妊娠とは受精の成立から分娩までの雌個体の状態を指し，この期間が妊娠期間となる．

　雄の繁殖障害については現在の国内のウシの生産現場で直接関わることはほぼないが，精液を供給している種雄牛センターでは1頭の雄ウシの繁殖障害が及ぼす経済的影響は甚大であることから，精液検査をはじめとする繁殖機能の日常的検査には細心の注意が払われている．また，自然交配を実施している農場や公共牧野，諸外国においては導入雄個体の繁殖機能がその牛群の受胎成績を大きく左右することから，繁殖障害が及ぼす影響は大きい．

180　　　　　　　　　第 18 章　家畜の繁殖障害

本章では家畜の繁殖障害のうち, 比較的発生頻度の高いものについて概説する.

18.2 家畜の淘汰理由として繁殖障害の占める割合は大きい

18.2.1　ウ　　シ

　農林水産省の家畜共済統計表（2018 年）によると, 病傷事故の総件数に占める雌の生殖器病の割合は, 乳用牛では 19.3%, 肉用牛では 15.4% と高い. 卵巣疾患および子宮疾患が繁殖障害の主体を成しており, 卵胞発育障害（**卵巣静止**, 卵巣萎縮, 卵巣発育不全）, 卵巣囊腫（卵胞囊腫, 黄体囊腫）および**子宮内膜炎**が主要な疾病となっている.

18.2.2　ウ　　マ

　北海道日高地区における軽種馬の年間の受胎率（繁殖適齢期にある雌馬が繁殖季節の終わりまでに受胎する割合）は 75% 前後であり, 日本の農用馬（重種馬）では毎年不受胎馬が 25〜35% 前後みられることが指摘されている. また, ウマは子宮頸管内を横断する皺襞がなく子宮内口から外口までが直線で通じる構造であるため, 子宮は絶えず細菌汚染の危険にさらされており, 不妊症の大半は子宮疾患である.

　家畜共済制度への加入個体（種馬を除く）の病傷事故総件数に占める生殖器病の割合は 18.8% であり, 総件数の 12.5% を占める子宮内膜炎が主な治療対象疾患である.

18.2.3　ブ　　タ

　養豚衛生の実態に関する報告[1] によると, 母ブタの更新理由は 32% の老齢に次いで不受胎が 21.1%, 無発情が 7.0%, 産子数減少が 4.7% と, 生殖器疾患が第 2 位から 4 位までを占めている.

　家畜共済制度に加入している繁殖用の雌ブタにおける病傷事故の総件数に占める生殖器病の割合は 28.7%, 妊娠・分娩期および産後の疾患の割合は 16.4% であり, 生殖器病の 87.8% を卵巣静止が占め, 妊娠・分娩期および産後の疾患の 76.9% を難産が占めている（平成 30 年度農業災害補償制度家畜共済統計表, 2018）.

---

1) Sasaki, Y., Koketsu, Y. (2011) Reproductive profile and lifetime efficiency of female pigs by culling reason in high-performing commercial breeding herds. *J Swine Health Prod.,* **19**(5)：284-291.

18.3 雌の繁殖障害の原因は多岐にわたる

繁殖障害の原因には，生殖器の解剖学的異常，ホルモン分泌の異常，微生物感染，飼養管理（栄養および環境）の不良，人為的要因などがあげられる．

18.3.1 生殖器の解剖学的異常

a. 先天的な異常

先天異常には染色体異常（トリソミーやモノソミーなど），**フリーマーチン**，間性，中腎傍管の部分的形成不全（ホワイトヘファー病）などが含まれる．フリーマーチンやホワイトヘファー病では先天性の腟狭窄などが認められる．

ウシの異性双胎（雄と雌の双胎）の雌にみられるフリーマーチンは比較的よく遭遇する先天異常である．また，**中腎傍管（ミューラー管）**の発育不全による子宮角，子宮体，子宮頸管，腟の部分的あるいは完全欠損や子宮頸管の重複も発生する．ウシでは常染色体性単一劣性遺伝子による遺伝的な卵巣発育不全も知られている．このほか，遺伝的要因による配偶子異常や**胚死滅**もある．

b. 後天的な異常

分娩や難産に継発して生殖道（子宮，子宮頸管，腟，陰門）の損傷，癒着，狭窄ないし閉塞が起こることがある．後天性陰門狭窄は栄養不良になった未経産牛によくみられる．また，子宮や腹膜の炎症は卵管に波及して卵管の炎症，閉塞，さらに卵管漏斗部や卵巣の癒着を起こす．

18.3.2 ホルモン分泌の異常

性腺刺激ホルモン放出ホルモン（GnRH）および性腺刺激ホルモンの分泌が不足すると卵胞は発育，成熟せず無排卵となり，動物は無発情となる．また，GnRH および黄体形成ホルモンの一過性放出（**LH サージ**）が欠如あるいは不足すると，卵胞は排卵することなく排卵障害になるか，発育を続けて異常に大きくなり，**卵胞嚢腫**となる．

18.3.3 微生物感染

細菌，ウイルス，真菌，原虫などの微生物感染により流産や繁殖障害が起こる．伝染性の強い病原体の多くは流産を招くが，ブルセラやカンピロバクターなどの感染は流産のみならず不妊症の原因にもなる．

国内の生産現場では通常，生殖器感染を起こして繁殖障害を惹起する微生物は Staphylococci, Streptococci, *Escherichia coli*, *Trueperella pyogenes* などの常在菌が多い.

18.3.4　飼養管理の不良

低栄養による発育不良は**春機発動**の遅延，発情持続時間の短縮，発情徴候の不明瞭化，卵胞発育・成熟の障害による卵巣周期の停止（**卵巣静止**）をもたらす．また，泌乳に伴う分娩後の体重減少は，LH の**パルス状**（**拍動性**）**分泌**の頻度を減少させ，卵巣周期の再開遅延や卵胞発育障害を招く．

栄養状態は受胎の成否および繁殖障害の発生と密接に関係している．ウシのエネルギー収支状況を体脂肪の蓄積程度で判定するボディコンディションスコア（**BCS**）がある．妊娠末期（分娩時）から泌乳初期の終わり頃（分娩後 70～80 日頃）にかけての BCS の減少幅が大きい個体では，視床下部-下垂体-性腺軸機能の低下により，卵巣周期開始の延長と**空胎日数**（分娩から次の受胎までの日数）の延長が起こることが知られている．また，飼養環境上の各種ストレスは血中コルチコイド濃度の増加をもたらす結果，性腺刺激ホルモン分泌の減少，黄体期における血中プロジェステロン濃度の低下などを招くことから，繁殖障害の一因となる．

18.3.5　人為的要因

雄不在の家畜群においては，雌個体が**スタンディング発情**などの発情徴候を発現したとしても飼養者がそれを見逃してしまうことや，発情開始のタイミングや発情の状態が的確に把握できず，交配時期が不適切となるため不妊となること，また，人工授精や胚移植および繁殖障害診療技術の不良および失宜に継発して卵巣，卵管，子宮，子宮頸管，腟などの損傷，癒着，狭窄ないし閉塞が起こることがある．

18.4　繁殖障害の最たる様態は低受胎と不受胎である

家畜繁殖ではいかに効率よく受胎させるかが第一の目標となるが，上述の様々な原因により受胎しない（しにくい）状態となる．

18.4.1 卵巣の機能的異常による低受胎および不受胎

a. 卵胞発育障害

卵巣発育不全, **卵巣静止**および卵巣萎縮に分類される. 卵巣発育不全は性成熟期後も発情を示さず, 卵巣が発達せず, 卵胞形成もない状態を指す. 一方, 卵胞は存在し, ある程度まで発育するものの成熟せず, 発情も排卵も認められない状態を卵巣静止という. また, 正常に機能していた卵巣が萎縮, 硬結して無発情状態になったものを卵巣萎縮という.

b. 卵巣嚢腫

卵胞嚢腫と黄体嚢腫に大別される. 成熟卵胞が排卵することなく異常に大きくなり (通常, ウシで直径 25 mm 以上, ブタで直径 20 mm 以上), 長く (通常, ウシで 1 週間以上) 存続する状態を**卵胞嚢腫**, 成熟卵胞が排卵することなく異常に大きくなり, 卵胞内壁の一部が黄体化して長く存続する状態を黄体嚢腫という.

c. 鈍性発情

卵胞の発育から成熟, 排卵, そして黄体の形成と退行に至る一連の卵巣周期は正常であるものの, 発情徴候が認められない状態を鈍性発情という. 子宮修復完了後の鈍性発情の場合, 適期に交配することで受胎が期待できることから, 歩数を検知するセンシング技術による発情発見や排卵同期化処置による定時授精プログラムの普及が進んでいる.

d. 黄体形成不全

排卵後に形成される黄体の発育が不十分なものをいい, 黄体寿命が短いために発情周期も短くなる.

18.4.2 産道への感染と炎症による不受胎

a. 腟　炎

腟の創傷や腟脱, 不衛生な腟検査や人工授精などによる原発性と, 胎盤停滞や子宮内膜炎等から波及する継発性の腟炎がある.

b. 子宮内膜炎

ウシの子宮疾患の中で最も発生が多く, 不受胎の主要因のひとつが**子宮内膜炎**である. 分娩後 3 週目以降に診断されることが多く, 腟腔内に膿性排出物を認める臨床性子宮内膜炎と, 臨床症状を認めない潜在性子宮内膜炎がある.

c. 子宮蓄膿症

膿性滲出物が子宮腔内に多量に貯留して子宮が膨満した状態をいう．子宮への感染と炎症から本症を発することもある．発症からの経過が長くなると子宮内膜が変性，脱落して線維化し，受胎性の予後は悪くなる．

18.4.3 受精障害と胚死滅

a. 受精障害

排卵から受精までの段階における障害や異常を総称して受精障害という．卵子の異常，卵子および精子の移送障害や死滅，子宮頸管粘液の精子受容性の不良などが直接の原因である．

b. 胚死滅

受精後の胚が**母体の妊娠認識**以前に死滅する**早期胚死滅**とそれ以降に死滅する**後期胚死滅**に分類される．後期胚死滅では黄体退行が阻止されるので黄体寿命が延長し，その結果，発情周期も延長する．ウシでは胚が16日齢以降に死滅すると発情周期が延長する．

18.4.4 リピートブリーディング

外部徴候（臨床的）に異常を認めないにもかかわらず，繰り返し交配しても受胎しない雌をリピートブリーダーという．ウシでは適期での交配を3回以上実施しても受胎しない場合が該当する．不受胎の原因は受精障害と胚死滅である．

18.5 受胎しても妊娠期間を全うできるとは限らない

妊娠期の異常は母体によるもの，胎盤によるもの，胎子によるものに分類できるが，原因を特定するのが困難であることも多い．

18.5.1 母体および胎盤の異常

a. 流 産

胎子が母体外で生存能力を備える前に娩出されることを流産という．細菌，ウイルス，真菌，原虫などの微生物感染が原因となって起こる感染性流産と，低栄養，微量元素・ビタミン欠乏，化学物質や有害植物の摂取による中毒，遺伝的要因，転倒・打撲などの物理的ストレス，輸送ストレスなどの非感染性流

産に大別される．妊娠個体への人工授精や発情誘起薬の誤投与，妊娠診断時の粗暴な胎膜・胎子触診など人為的要因による流産も非感染性流産に含まれる．

b. 子宮捻転

妊娠子宮が長軸に沿って左方あるいは右方に捻転した状態を子宮捻転といい，特に胎子娩出前の子宮頸管が開いた時期（開口期）の終わりのウシに発生することが多い．時間経過に伴って母子ともに死亡するリスクが高くなる．

c. 胎膜水腫

胎膜腔内に多量の胎水が貯留した状態を胎膜水腫といい，主としてウシで発生する．胎盤機能の異常に起因して妊娠 5 カ月以降に発生する尿膜水腫と，羊水を嚥下できない胎子が原因で妊娠 3 カ月以降に発生する羊膜水腫がある．

18.5.2　胎子の異常

a. 先天奇形

胎子の奇形には，頭蓋骨が腫大した**水頭症**，皮下組織に水腫が生じる**水腫胎**，腐敗菌が胎子の皮下や内臓に侵入してガスが蓄積する**気腫胎**，脊柱が反転して腹腔が閉じずに内臓が露出する**反転性裂体**，双胎において 2 頭が結合した**重複奇形**などがあげられる．

b. 胎子ミイラ変性と胎子浸漬

胎子の死後に腐敗せずに体液を失い萎縮，硬化するものを**胎子ミイラ変性**といい，妊娠中期に胎子がミイラ化して子宮内に残存し，黄体が遺残するために分娩予定日を過ぎても分娩徴候が認められないことで発見されることが多い．一方，死亡胎子が自己融解や感染による腐敗などによりクリーム状の粘液と骨片の集塊が子宮内に残留するものを**胎子浸漬**という．

18.6　妊娠期間を全うしても無事に分娩できるとは限らない

分娩時の繁殖障害として，難産，産道損傷，子宮脱，胎盤停滞などがあげられる．

18.6.1　難　　産

自力で分娩できず，助産を必要とする状態を難産という．適切な助産がなければ死産や母牛の衰弱，死につながることもある．ウシは母体の骨盤構造や胎

子の体形の関係で難産になりやすい．奇形胎子や死亡胎子のほか，双胎も難産リスクを高める．

18.6.2　産道損傷

不適切な助産や過大胎子により産道が損傷することがあり，子宮破裂や子宮頸管・腟・外陰部の裂傷などがある．胎子娩出後に外陰部から出血がみられる．

18.6.3　子宮脱

胎子娩出直後に子宮が反転し，陰門外に脱出した状態を子宮脱という．緊急処置が必要であり，早期に整復できればその後の受胎性への影響は大きくない．

18.6.4　胎盤停滞

胎子娩出後の一定時間経過後（ウシでは12時間後）も胎盤が排出されない状態で，時間経過とともに腐敗臭を伴うようになる．子宮内膜炎に移行することも多く，その場合はその後の受胎性が低下する．

18.7　分娩後の生殖機能の回復の遅れが次の受胎性低下の要因となる

分娩後，卵巣機能が回復し，子宮が修復して次の受胎への準備が整うまでの期間を産褥期という．産褥期は泌乳，産道の感染源への曝露，そしてホルモン変動が大きい時期にあたるために母体の健康が損なわれがちであり，生殖機能の回復の遅れから受胎性低下を招くことがしばしばである．

産褥性子宮炎

産褥期の子宮への細菌感染が原因となり炎症が子宮筋層まで波及したものをいう．発熱や食欲不振などの全身症状を伴うことが多い．ウシでは分娩後3週以内に発生する．

18.8　1頭の雄の繁殖障害が大きな経済的影響を与える

雄の繁殖障害は，交尾障害，生殖不能症，生殖器の異常に大別できる．原因は先天性と後天性に分類でき，後天性はさらに感染性と非感染性に分類できる．

いずれの場合においても雌畜に供用する前に種雄個体の生殖機能に関する全体的な検査（繁殖適性検査，BSE：breeding soundness examination）の実施が必要である．

18.8.1 交 尾 障 害

交尾に対する意欲が減退（交尾欲減退）または消失（交尾欲欠如）した状態や，交尾欲は正常だが肢蹄の異常や勃起障害のために交尾できない状態（交尾不能症）などがある．

18.8.2 生殖不能症

正常な交尾欲と交尾能力，射精能力を有しながら，生殖機能の正常な雌を受胎させることができない状態をいう．精液検査により異常が発見される．無精液症，無精子症，精子無力症，精子死滅症，血精液症などがある．また，高温多湿期に造精機能や副生殖腺機能が一時的に減退して精液性状が不良となる**夏季不妊症**がウシ，ヒツジ，ヤギ，ブタなどでみられる．その対策として畜舎の冷却，動物への散水，飲水量増加などがある．

18.8.3 生殖器の異常

陰茎・包皮の異常，陰嚢の疾患，精管・精管膨大部の疾患，副生殖腺の疾患，精巣の疾患など，多岐にわたる．

おわりに

家畜の繁殖障害を限りなくゼロに近づけていくことが畜産業における果てしない目標である．その目標達成のためには早期発見と早期治療，そして繁殖障害の原因をつくらないための徹底した予防対策が求められている．農場の大規模化が進み，労働力減少が進むにつれて繁殖障害の早期発見が難しくなっている一面がある一方，畜産現場においても ICT（information and communication technology：情報通信技術）等によるデータ活用を通した精密農業（precision farming）や，作業の自動化を進めて作業効率向上を図るスマート農業の導入が盛んであり，今後もこの動きは加速化していくことが予想される．他方，システム導入に伴う初期費用や通信料などの維持費といった経費が繁殖成績と生産性向上による増収に見合うものであるか否か，すなわち費用対効果を見極める視点が農場経営において重要となる．

19

家畜の改良増殖等に関する法制度について

はじめに

　　家畜の改良増殖は，畜産の生産性の向上を図るため，乳量，肉量・肉質等の遺伝的能力の高い家畜を選抜し，より能力の高い家畜を増殖させるものであり，その成果は，畜産農家はもとより，畜産物の安定供給を通じて，広く消費者にも及ぶ．このため，**家畜改良増殖法**に基づき，計画的に家畜改良増殖を進めるための制度が整備されている．

　　また，家畜の改良は，他の家畜との品質上の差別化を実現する創造的な活動であり，これによって生み出される精液や受精卵といった家畜遺伝資源は，知的財産としての価値を有するものである．2018 年に和牛の精液と受精卵の不正な輸出が図られた事案を受け，家畜遺伝資源の不適切な流通等を防止し，知的財産としての価値の保護を図るため，2020 年に**和牛遺伝資源関連 2 法**が制定・施行された．

　　本章では，生殖のための技術を活用し，家畜の改良増殖を進める上で，遵守・留意が必要となるこれらの法制度について取り上げる．

19.1 家畜改良増殖法・家畜遺伝資源に係る不正競争の防止に関する法律の概要

　家畜改良増殖法（以下「増殖法」）においては，家畜の改良増殖を計画的に推進するため，①精液や受精卵等の採取に用いる雄畜・雌畜に関する制度，②家畜人工授精及び家畜受精卵移植の実施者，場所等に関する規制，③家畜の登録に関する制度などが規定されている．疾病の伝播や血統の誤りを防止し，家畜の改良増殖を効率的に進めていくため，これらの制度・規制を遵守する必要がある（19.2 節参照）．

　また，和牛の家畜遺伝資源については，和牛遺伝資源関連 2 法（「家畜改良増殖法の一部を改正する法律」，「家畜遺伝資源に係る不正競争の防止に関する法律」（以下「家畜遺伝資源法」）により，家畜人工授精所における規制等を通じ

て流通を厳格に管理するとともに，不正な取得・利用等について，差止請求や罰則などの対象とする（19.3節参照）ことにより保護を図っており，その取扱いにあたり，家畜遺伝資源について厳格な流通管理を行うとともに，使用者の範囲や目的に係る譲渡契約を締結し，その遵守を徹底する必要がある．

19.2 家畜改良増殖法は，種畜の利用や血統の確保等のためのルールを定めている

種付け（自然交配），家畜人工授精や家畜受精卵移植の実施により，家畜の改良増殖を進めるにあたり，遵守が必要となる家畜改良増殖法の主な規定は以下のとおりである．

19.2.1 精液や受精卵等の採取に用いる雄畜・雌畜に関する制度

a. 種付けや精液の採取に用いる雄畜

雄畜が，伝染性疾患や遺伝性疾患に罹患していた場合や，繁殖機能に障害を有していた場合，交配した雌畜や子畜への伝染性疾病や遺伝的不良形質の伝播，不受胎など家畜改良増殖に多大な影響を及ぼすことになる．

このため，牛，馬及び家畜人工授精用に用いる豚の雄畜については，これらの疾患や機能障害がないことについて独立行政法人家畜改良センターが毎年定期的に行う検査又は都道府県が臨時に行う検査（あわせて「種畜検査」）を受け，**種畜証明書の交付を受けた雄畜（以下「種畜」）**でなければ，原則として種付けや精液の採取に用いてはならないとされている（増殖法第4条．図19.1）．

また，家畜改良を進める上で不可欠な血統の正確な記録のため，種畜を飼養する者は，種付けや家畜人工授精に用いる精液の採取の状況について，**種付台帳**に記載し，5年間保存しなければならない（増殖法第9条）．

b. 受精卵等の採取に用いる雌畜

牛については，家畜受精卵移植が広く行われている状況にあることから，受精卵を通じた雌畜や子畜への伝染性疾病や遺伝的不良形質の伝播を防止する必要がある．

このため，これらに係る疾患を有しないことについて，獣医師による診断を受け，診断書の交付を受けた雌畜でなければ，原則として，家畜体内受精卵や卵巣の採取に用いてはならない（増殖法第9条の2）．

なお，雌畜のとたいから家畜卵巣を採取する場合，と畜場法に基づく都道府

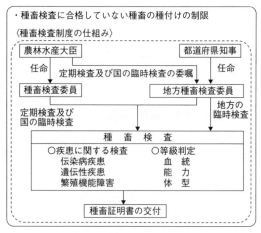

図19.1 種畜検査制度の概要

県の検査が行われたものでなければ，原則として，卵巣をと畜場から持ち出すことができない．一方，このと畜場法に基づく検査により，雌畜において保有しないことが確認される疾患については，前述の獣医師による診断及びこれに基づく診断書の交付を受ける必要がないこととされている．

19.2.2 家畜人工授精及び家畜受精卵移植の実施者，場所等に関する規制

凍結精液等の利用技術が普及する中，ウシのほとんどが家畜人工授精や家畜受精卵移植により生産されるなど，その的確な実施の確保は家畜の改良増殖を進めるうえで極めて重要となっている．

このため，増殖法においては，現在，これらの技術の普及状況を踏まえ，
①牛，馬，めん羊，山羊又は豚の雄から精液を採取，処理及び雌に注入することを「**家畜人工授精**」と定義するとともに，
②牛の雌から受精卵を採取，処理，雌に移植することを「**家畜体内受精卵移植**」，牛の雌又はそのとたいから採取した卵巣から未受精卵を採取し，これを処理，体外受精をして生産された受精卵を雌に移植することを「**家畜体外受精卵移植**」，これらを合わせて「**家畜受精卵移植**」と定義し，実施者，場所，精液等の流通・使用，血統の記録等について規制している（図19.2）．

a. 家畜人工授精及び家畜受精卵移植の実施者についての規制

家畜人工授精及び家畜受精卵移植を行うためには，一定の専門知識及び技術

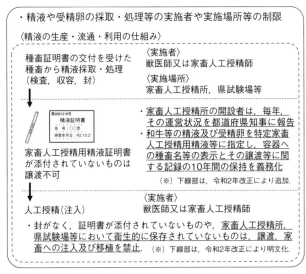

図 19.2 家畜人工授精及び家畜受精卵移植の実施者等に関する規制

が必要であることから,国家資格を持った獣医師と**家畜人工授精師**に限定している(増殖法第 11 条,第 11 条の 2).例外として学術研究や自己飼養家畜についての精液や受精卵の採取・処理・注入は認めているものの,獣医師,家畜人工授精師以外の者は授精証明書や,体内・体外受精卵の移植証明書を交付することができない(増殖法第 22 条).

家畜人工授精師の免許証は,農林水産大臣の指定する講習会開催者又は都道府県が家畜の種類別に行う講習会の課程を修了して修業試験に合格した者に対して都道府県知事から交付される.講習会は家畜人工授精のほか,家畜体内受精卵移植,家畜体外受精卵移植があり,免許証に記載されるそれぞれの資格区分に限って業務を行うことができる.なお,すでに教育機関において関連科目を修得した者については,当該科目の受講及び修業試験の免除が可能となっている(増殖法第 16 条).

b. 家畜人工授精及び家畜受精卵移植等の実施場所についての規制

精液及び受精卵の衛生及び品質を保持するためには,その処理や保存等を行うにあたって,細菌等による汚染がないようにする必要がある.このため,①精液の採取,処理,②体内受精卵の処理,③未受精卵の採取,処理,体外受精,体外受精卵の処理,④精液及び受精卵の保存については,これらを衛生的に行

うことが可能な都道府県知事の許可を得た家畜人工授精所，独立行政法人家畜改良センター，都道府県の施設で行わなければならないこととされている（増殖法第12条）．なお，都道府県知事による家畜人工授精所の開設の許可は，家畜の種類及び業務の別により行われる（増殖法第24条・第25条）．

c. 家畜人工授精用精液及び家畜受精卵の流通・使用についての規制

精液や受精卵は，その外観からこれらを採取した家畜などを識別することが困難であるため，家畜改良上，明確に識別し，血統の混乱を防止する必要がある．このため，精液や受精卵を採取・処理した家畜人工授精師や獣医師は，その内容を証明するための情報を記載した証明書を添付し，当該精液や受精卵と一体的に取り扱わなければならないこととされており，証明書が添付されていない精液や受精卵の流通・使用は原則として禁止されている．

また，品質の保全を図り，家畜改良を的確に進めていく上で，家畜人工授精所で衛生的に保存されていない精液や受精卵，細菌が多数発育しているなどの精液や受精卵の流通・使用は規制されている（増殖法第13条，第14条）．

d. 血統の記録等についての規制

血統の正確な記録のため，獣医師又は家畜人工授精師は，家畜人工授精や家畜受精卵移植を行ったときはこれらの内容を**家畜人工授精簿**に記載し，5年間保存しなければならない（増殖法第15条）．

19.2.3 家畜の登録に関する制度

家畜の血統，能力又は体型について審査を行い，一定の基準に適合するものを登録する**家畜登録事業**は，不良形質の淘汰，優良家畜の選抜など家畜の改良増殖に果たす役割が大きいことから，これらの事業を行う**家畜登録機関**は，事業実施に関する規程について農林水産大臣の承認を受けなければならないこととされている（増殖法第32条の9）．

一般社団法人日本ホルスタイン登録協会，日本ジャージー登録協会，公益社団法人全国和牛登録協会，一般社団法人日本あか牛登録協会，一般社団法人日本短角種登録協会，一般社団法人日本養豚協会，公益財団法人ジャパン・スタッドブック・インターナショナル，公益社団法人日本馬事協会，公益社団法人畜産技術協会，一般社団法人北海道酪農畜産協会の10団体が家畜登録機関となっており，家畜の登録にあたっては，各機関の規程に基づき必要な手続を行う必要がある（例：図19.3）．

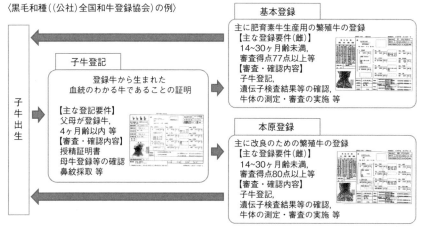

図 19.3　家畜登録制度の例

19.3 和牛遺伝資源関連2法は，和牛遺伝資源の管理の徹底や知的財産としての価値の保護を目的としている

2020年に制定・施行された和牛遺伝資源関連2法の主な規定は以下のとおり．和牛の精液や受精卵の生産・譲渡・使用等にあたり，厳格な管理を行うとともに，使用者の範囲や目的に係る譲渡契約の締結・遵守を徹底する必要がある（図19.4）．

19.3.1　家畜改良増殖法の一部を改正する法律

家畜人工授精用精液・受精卵の適正な生産・流通・利用を確保するため，以下の内容の規定を整備．

①家畜人工授精所等※による流通管理体制の強化（増殖法第12条第2項他）
　・家畜人工授精所等以外での精液・受精卵を保存できないことの明確化
　・家畜人工授精所の開設許可，家畜人工授精師免許の厳格化
　・家畜人工授精所の毎年の運営状況報告の義務化
　※「家畜人工授精所等」とは，増殖法に定める家畜人工授精所，家畜保健衛生所，その他家畜人工授精又は家畜受精卵移植を行うため（独）家畜改良センター又は都道府県が開設する施設をいう．

②不正流通の際のトレーサビリティの確保（増殖法第32条の2他）

○家畜改良増殖法の一部を改正する法律
　①家畜人工授精所等による流通管理体制の強化
　②不正流通の際のトレーサビリティの確保
○家畜遺伝資源に係る不正競争の防止に関する法律
　③第三者の不正利用にも対抗できる仕組みの構築

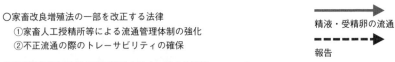

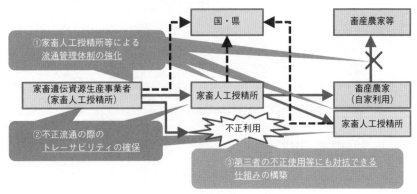

図19.4　和牛遺伝資源関連2法の概要

　高い経済的価値を有し，特に適正な流通を図る必要のある和牛（黒毛和種，褐毛和種，日本短角種，無角和種及びこれらの品種間の交雑種等）の精液・受精卵を**特定家畜人工授精用精液等**として指定し，容器への表示の義務化，譲渡等の記録（譲渡等記録簿の記載）及び保存（10年）の義務化
③法律に違反した場合の罰則の強化（増殖法第38条他）

19.3.2　家畜遺伝資源に係る不正競争の防止に関する法律（家畜遺伝資源法）

　知的財産としての価値を保護すべき家畜遺伝資源である和牛の精液・受精卵について，不正な取得等を防止し，**家畜遺伝資源生産事業者**の利益を保護する制度を創設．
①家畜遺伝資源の定義（家畜遺伝資源法第2条第1項）
　以下の条件を満たす精液・受精卵を本法により保護
　・家畜遺伝資源生産事業者が業として譲渡した精液や受精卵であること
　・家畜改良増殖法で規定される「特定家畜人工授精用精液等」であること
　・家畜遺伝資源生産事業者が，契約などにより，使用者の範囲や使用目的の制限を明示していること
②不正競争行為の定義（家畜遺伝資源法第2条第3項）

①の家畜遺伝資源に係る以下の行為を不正競争行為として定義
・詐欺・窃盗により取得，譲渡等することや，他人から預かったものを不正に取得，使用，譲渡等すること
・契約に違反して使用，譲渡等すること
・これらの使用により生産された子牛や受精卵を使用，譲渡等すること
・さらにその子牛等を使用して生産された子牛，孫牛や精液・受精卵を譲渡等すること
・以上の不正な経緯を知って，又は通常払うべき注意を払わない重大な過失によりその経緯を知らずに転売を受けること

③不正競争による損害への救済措置（家畜遺伝資源法第3条，第4条，第15条）
　不正競争行為に対する家畜遺伝資源生産事業者による差止請求や損害賠償請求を可能とするとともに，裁判所による信用回復のための命令等を措置

④悪質性の高い不正行為への罰則の適用（家畜遺伝資源法第18条，第19条）
　個人10年以下の懲役又は1千万円以下の罰金（併科あり），法人3億円以下の罰金

おわりに

　家畜改良増殖法は，家畜改良に大きく貢献する種畜の利用にあたって必要なルールを，家畜人工授精等の技術の進捗も踏まえながら定めており，種畜の飼養者，家畜人工授精師，獣医師，家畜人工授精所，家畜の登録機関といった主体が我が国の家畜改良増殖に果たすべき役割と責務が明らかにされている．

　和牛の遺伝資源は，関係者が長年にわたり，法を遵守し改良に尽力してきた結果，品種としての特長を備え，高く評価されるものに発展してきた．

　家畜遺伝資源法は，この成果を知的財産としてとらえ，生産事業者の利益を保護することを目的とした制度である．

　これからの家畜改良増殖を担う関係者が，これまでの関係者の長年の努力の成果を我が国の財産として引き継ぎ，これらの制度の趣旨を理解し，法令を遵守することを通じて，我が国の家畜改良増殖をいっそう発展させることが極めて重要である．

参 考 図 書

佐藤英明編著（2011）新動物生殖学，朝倉書店

カラーアトラス獣医解剖学編集委員会監訳（2016）カラーアトラス獣医解剖学 増補
改訂第2版 上・下巻，緑書房

日本獣医解剖学会編集（2023）獣医組織学 第9版，学窓社

毛利秀雄・星元紀監修，森沢正昭・星和彦・岡部勝編著（2006）新編精子学，東京
大学出版会

高橋迪雄監修（1999）哺乳類の生殖生物学，学窓社

森崇英総編集（2011）卵子学，京都大学学術出版会

柴原浩章編集（2018）実践臨床生殖免疫学，中外医学社

一般社団法人日本家畜人工授精師協会編集（2023）家畜人工授精講習会テキスト 家
畜人工授精編，R5.8月改訂版

一般社団法人日本家畜人工授精師協会編集（2010）家畜人工授精講習会テキスト 家
畜体内受精卵・家畜体外受精卵移植編（別冊を含む），H22.6月初版

日本繁殖生物学会編集（2020）繁殖生物学 改訂版，エデュワードプレス

索 引

欧 文

adhesion 125
AMH 41
AM-PM 法 150
antrum 27
apposition 125
attachment 125

BCS 182
BSE 187

cAMP 84
caruncle 129
CDX2 113
cryptic female choice 174

Dmrt1 36

E-カドヘリン 113

GATA6 118

Hippo シグナル 113

IL-8 60
invasion 125

LH サージ 28, 46, 146, 150,
 158, 181

MERVL 114
MMP-2 125
MMP-9 125

NANOG 113

OCT4 113
OPU-IVP 153
Ovsynch 法 151

P4 60, 134
penetration 125
PGE$_2$ 55
PGF$_{2\alpha}$ 55

SOX 34
Sox2 117
SOX3 36
SOX9 36
SRY 34

TEAD4 113
Th1 細胞 59
Th2 細胞 59
Th17 細胞 64
Toll 様受容体 58
trophoblastic knob 126

X 染色体 36

Y 染色体 36
YAP 113
yolk-sac placenta 124

ア 行

アクチビン 27, 51, 54
アポトーシス 61
アロマターゼ活性 51

育雛行動 175
1 次卵胞 26
1 次卵母細胞 26
囲卵腔 96
陰核 22
陰茎 14
陰唇 22
インスリン様因子 INSL3 41
インターフェロン・ガンマ 61
インターフェロン・タウ 63,
 110, 138, 155
インテグリン 125
インヒビン 27, 51, 54
インプリンティング 114

ウォルフ管 35
ウマ絨毛性性腺刺激ホルモン
 55

栄養外胚葉 113, 124
栄養膜巨細胞 126
栄養膜細胞 124
エストロジェン 8, 27, 52, 127,
 140
エストロジェン受容体 9
エピジェネティック修飾 113
エピブラスト 113
円形精子細胞卵細胞質内注入法
 99
炎症性サイトカイン 60

黄色卵胞　168, 170
黄体　22, 88
黄体期　87
黄体形成　23
黄体形成不全　183
黄体形成ホルモン　27, 46, 81
黄体刺激ホルモン　81
黄体-胎盤シフト　137
黄体嚢腫　183
オキシトシン　56
雄効果フェロモン　10

カ 行

外莢膜　27
開口期　142
開口分泌　96
外卵胞膜　27
夏季不妊症　187
獲得免疫　58
下垂体　23
下垂体後葉　45
下垂体前葉　44
家畜遺伝資源生産事業者　194
家畜改良増殖法　188
家畜受精卵移植　190
家畜人工授精　190
家畜人工授精師　191
家畜人工授精簿　192
家畜体内・外受精卵移植　190
家畜登録機関　192
家畜登録事業　192
過排卵処理　89, 146, 152
ガラス化凍結法　153
顆粒膜黄体細胞　29
顆粒膜（層）細胞　26, 80
カルシウムオシレーション　95
完全性周期動物　88
完全生殖周期　46
乾乳　144
緩慢凍結法　153

気室　171
気腫胎　185
キスペプチンニューロン　49
季節繁殖　7
季節繁殖周期　46

季節繁殖動物　9, 12
基底側　112
基底膜　16, 27
偽半陰陽　42
ギャップ結合　83
求愛行動　7, 11
弓状核　49
宮阜　129
峡部　30
極栄養外胚葉　127
極性　112
筋様細胞　16

空胎日数　182
クラッチ　168
グラーフ卵胞　27

頸管鉗子法　149
経腟採卵　25
血液-精巣関門　62
血管内皮成長因子　60
月経期　31
結合上皮絨毛性胎盤　131
血絨毛性胎盤　131
ケモカイン　59
原始線条　120
原始内胚葉　113
原始卵胞　26, 80
減数分裂　1, 26, 40, 82
顕微授精　99

後期胚死滅　184
交差　82
後産期　143
甲状腺刺激ホルモン放出ホルモ
　ン　48
好中球　60
交尾行動　7, 11, 12
交尾障害　187
合胞体性栄養膜細胞　127
抗ミューラー管ホルモン　41,
　54
ゴノサイト　68
ゴルジ体　28
コンパクション　104, 113

サ 行

サイトカイン　59
細胞分裂　26
サージ状分泌　49
差止請求　195
散在性胎盤　128
3次卵胞　27
産出期　142
産褥　144
産褥期　178, 186
産褥性子宮炎　186
産道損傷　186

子宮　22
子宮角　30
子宮頸管　30, 92
子宮頸管内授精用注入カテーテ
　ル　161
子宮小球　129
子宮深部授精用注入カテーテル
　161
子宮腺　30
子宮体　30
子宮脱　186
子宮蓄膿症　178, 184
子宮内膜　30, 124
子宮内膜炎　179, 180, 183
子宮捻転　185
子宮卵管接合部　92
始原生殖細胞　37, 68, 80, 169,
　176
視床下部　44
雌性前核　98
自然免疫　58
シプトネマ複合体　82
姉妹染色分体　82
手圧法　160
雌雄前核融合　98
就巣行動　169
絨毛　128
絨毛叢　122
絨毛膜　113, 123, 124
絨毛膜尿膜胎盤　121, 123
絨毛膜卵黄嚢胎盤　123
樹状細胞　61

索　引　　199

受精　22, 79, 91
受精障害　184
受精能獲得　93
受精卵　22, 87
受精卵移植　25
主席（優勢）卵胞　28, 145
種畜検査　189
種畜証明書　189
出血体　29
受胚牛　152
主雄性前核　175
受容期　127
主要組織適合遺伝子複合体　65
春機発動　18, 144, 157, 178, 182
乗駕　6, 157
上皮絨毛性胎盤　130
鋤鼻器　10, 12
鋤鼻系　10
神経ホルモン　47
人工授精　25, 145
新鮮移植　152

髄質　23
水腫胎　185
水頭症　185
水様卵白　171
スタンディング　146
スタンディング発情　8, 150, 182
ステロイドホルモン　51
ストレス　13

精液　71, 91
性管　14
性管膨大部　19
制御性 T 細胞　59
性決定遺伝子　36
性細管　14
精子　1, 22, 67, 79
精子完成　67
精子競争　174
精子形成　67
精子細胞　67
精子成熟　71
精子貯蔵管　169
精子発生　67

性周期　87
成熟卵胞　27
精漿　62
精上皮　16
精上皮周期　70
精上皮周波　70
生殖原基　37, 38
生殖細胞　1
生殖周期　23
生殖腺　22
生殖叢　22
生殖不能症　187
生殖隆起　38
性ステロイドホルモン　24
性成熟　17, 25, 84
性腺　22
性腺刺激ホルモン　24, 44, 84
性腺刺激ホルモン放出ホルモン　44, 48
性選別精液　145
精巣　14
精巣下降　41
精巣索　38
精巣上体　14
精巣網　16
精巣輸出管　16
精祖細胞　67
成体型ライディッヒ細胞　40
性的 2 型　34
精嚢腺　14
正のフィードバック機構　48
正のフィードバック作用　45, 146
精母細胞　67
接合子　91
接着結合　113
セルトリ細胞　16, 34
前核期　98
前顆粒膜（層）細胞　26
前受容器　127
前精祖細胞　68
腺性ホルモン　47
先体　93
先体反応　73, 93
全能性　112
前腹側周囲核（内側視索前野）　49

前立腺　14

早期胚死滅　184
桑実胚　104
増殖期　31
相同染色体　82
叢毛胎盤　129
粗面小胞体　28
損害賠償請求　195

タ　行

第 1 極体　29, 85, 92
第 1 減数分裂　82
第 1 減数分裂前期　28
第 1 減数分裂中期　29
第一破水　143
第 1 卵割　98
体外受精　98, 153
体外成熟培養　153
体外胚生産　153
体外発生培養　153
対向流機構　55
体細胞分裂　82
胎子　22
胎子型ライディッヒ細胞　39
胎子浸漬　185
胎子ミイラ変性　185
帯状胎盤　130
耐凍性　148
第 2 減数分裂　82
第 2 減数分裂中期　29, 81, 92
第二破水　143
胎盤　22, 123
胎盤性ラクトジェン　56, 136
胎盤停滞　179, 186
胎盤分葉　129
胎膜水腫　185
ダイレクト移植　154
多精子受精　97, 169
多精子侵入　79
脱メチル化　103
脱落膜　124
種付台帳　189
多能性　113

腟　22

腟炎　183
腟前庭　22, 32
着床　22, 123
着床ウィンドウ　124, 127, 135
中心体　28
中腎傍管　181
超音波誘導経腟採卵法　153
長期在胎　179
頂端側　112
重複奇形　185
直腸腟法　149

蔓状静脈叢　17

定時人工授精　150, 151
停留精巣　17
テストステロン　11, 53

凍害防止剤　154
透明帯　27, 79, 95
透明帯反応　97
特定家畜人工授精用精液等　194
鈍性発情　178, 183

ナ　行

内莢膜　27
内在性レトロウイルス　125, 131
内皮絨毛性胎盤　131
内部細胞塊　113
内卵胞膜　27
ナチュラルキラー細胞　58
難産　180

二核細胞　127
2細胞説　27
2次卵胞　26
2次卵母細胞　29
尿道　14
尿道球腺　14
尿膜　113, 123, 124
妊娠　22, 23
妊娠シグナル物質　140
妊娠認識　134, 138
妊娠認識時期　139

妊娠認識物質　63
妊孕性　25

濃厚卵白　171

ハ　行

背圧試験　159
胚移植　98, 145
胚死滅　179, 181, 184
胚伸長　138
胚性因子　103
胚性ゲノムの活性化　103, 112
胚盤　120
胚盤胞　104
胚盤胞様構造体　125
排卵　22, 23, 81, 86, 92
排卵窩　25, 38
白色卵胞　168, 170
白体　25, 29
白血病抑制因子　63, 135
発情　23
発情行動　8
発情徴候　6, 7
発情発見　145
パルス状（拍動性）分泌　49, 146, 182
半陰陽　42
盤状胎盤　130
繁殖供用適期　18
繁殖周期　178
反転性裂体　185

ヒアルロニダーゼ　94
ヒアルロン酸　94
ヒエラルキー　168
皮質　23
皮質索　38
非受容期　127
ヒストン　97
ヒト絨毛性性腺刺激ホルモン　55, 63, 137
ヒト白血球抗原　65
泌乳　23
標準体外受精　99
表層顆粒　28, 96
表層反応　96

ファーガソン反射　56
フィードバック機構　48
フェロモン　9, 32
フォリスタチン　27, 51
不完全性周期動物　88
不完全生殖周期　46
副生殖腺　14
付属雄性前核　175
不動化　10
不動化反応　6, 8, 159
負のフィードバック機構　48
負のフィードバック作用　45, 146
プライマリーフェロモン　10
フリーマーチン　42, 181
フレーメン　7, 10, 11
プロジェステロン　9, 29, 53, 60, 87, 127, 134
プロスタグランジン　65
プロスタグランジン E_2　55
プロスタグランジン $F_{2\alpha}$　55
プロタミン　69, 97
プロラクチン　57, 135
プロラクチン放出因子　48
プロラクチン放出抑制因子　48
分泌期　31
分娩　22, 23

壁栄養外胚葉　126
ヘッジホッグ　39

胞状卵胞　27, 80
膨大部　30
胞胚腔　115
抱卵行動　175
母子免疫寛容　64
母性因子　80, 103, 107
母体の妊娠認識　155, 184
ホワイトヘッファー病　181

マ　行

マクロファージ　58, 60

密着結合　16, 112
ミトコンドリア　28
ミトコンドリア鞘　70

索　引　　　201

ミューラー管　35, 181

免疫寛容　62

ヤ 行

有性生殖　2
雄性前核　98

用手法　160
羊膜　113
横取り法　146

ラ 行

ライディッヒ細胞　16
卵　1
卵黄遮断　97
卵黄嚢　113, 123
卵黄膜内層　169
卵外被　168
卵殻　171
卵核胞　28, 84

卵核胞期　81
卵核胞崩壊　29, 85
卵殻膜　171
卵管　22
卵管膨大部　92
卵丘細胞　83, 92
卵丘卵子複合体　86, 92
卵原細胞　26, 80
卵細胞質内精子注入法　99
卵子　79
卵成熟　29, 80
卵成熟促進因子　29, 85, 95
卵巣　22
卵巣索　38
卵巣静止　180, 182
卵巣嚢腫　178, 180, 183
卵祖細胞　26, 80
卵胞　24
　――の序列　168
卵胞期　88
卵胞刺激ホルモン　27, 46, 80, 145
卵胞嚢腫　181, 183

卵胞波　145
卵胞発育　23
卵胞発育障害　183
卵胞閉鎖　28
卵胞膜黄体細胞　29
卵胞膜細胞　27
卵母細胞　22, 80

リピートブリーダー　63, 179
リピートブリーディング　184
リプログラミング　106, 112
流産　181
リラキシン　54
リリーサーフェロモン　10

レチノイン酸　40

漏斗部　30, 169
ロードシス　9

ワ 行

和牛遺伝資源関連2法　188

編著者略歴

種村健太郎
1967年　東京都に生まれる
1996年　東京大学大学院農学生命科
　　　　学研究科博士後期課程修了
現　在　東北大学大学院農学研究科
　　　　教授
　　　　博士（獣医学）

岩田尚孝
1968年　千葉県に生まれる
1992年　京都大学大学院農学研究科
　　　　博士前期課程修了
現　在　東京農業大学農学部動物科
　　　　学科教授
　　　　博士（農学）

木村康二
1967年　奈良県に生まれる
1992年　京都大学大学院農学研究科
　　　　博士前期課程修了
現　在　岡山大学学術研究院環境生
　　　　命自然科学学域教授
　　　　博士（農学）

動物生殖科学　　　　　　　　　　　　　定価はカバーに表示

2025年4月5日　初版第1刷

編著者　種　村　健太郎
　　　　岩　田　尚　孝
　　　　木　村　康　二
発行者　朝　倉　誠　造
発行所　株式会社　朝　倉　書　店
　　　　東京都新宿区新小川町 6-29
　　　　郵便番号　　162-8707
　　　　電　話　03（3260）0141
　　　　F A X　03（3260）0180
　　　　https://www.asakura.co.jp

〈検印省略〉

ⓒ 2025〈無断複写・転載を禁ず〉　　　　　　教文堂・渡辺製本

ISBN 978-4-254-45035-4　C 3061　　　Printed in Japan

JCOPY ＜出版者著作権管理機構　委託出版物＞

本書の無断複写は著作権法上での例外を除き禁じられています．複写される場合は，
そのつど事前に，出版者著作権管理機構（電話 03-5244-5088, FAX 03-5244-5089,
e-mail: info@jcopy.or.jp）の許諾を得てください．

改訂版 動物行動図説 ―産業動物・伴侶動物・展示動物・実験動物―

動物の行動と管理学会 (編)

B5 判／192 頁　978-4-254-45032-3 C3061　定価 4,290 円（本体 3,900 円+税）

家畜・伴侶動物・実験動物・展示動物など，様々な動物の行動を動機・状況などに沿って分類し，600 枚以上の写真と解説文で紹介した行動目録の改訂版．〔内容〕ウシ／ウマ／ブタ／ヤギ・ヒツジ／ニワトリ／イヌ／ネコ／チンパンジー／ニホンザル／マウス・ラット／クマ／ゾウ／キリン／イルカ／アザラシ／他

獣医学教育モデル・コア・カリキュラム準拠 獣医外科学

佐々木 伸雄・嶋村 照雅・西村 亮平・奥村 正裕・三角 一浩・中市 統三 (編)

B5 判／736 頁　978-4-254-46039-1 C3061　定価 24,200 円（本体 22,000 円+税）

獣医外科学待望のコアカリキュラム準拠テキスト。総論，軟部組織，外科学，運動器病学，神経系の四編構成とし，解剖生理から個別の疾患，手術時の注意点まで最新の知識を基礎から体系立てて解説する獣医外科必携の一冊。豊富な演習問題と解答付き。

朝倉農学大系 8 畜産学

眞鍋 昇 (編)／大杉 立・堤 伸浩 (監修)

A5 判／344 頁　978-4-254-40578-1 C3361　定価 7,150 円（本体 6,500 円+税）

地球温暖化や感染症，動物愛護など様々な問題に直面する現代の畜産業を支える基盤的科学としての畜産学を育種，栄養からアニマルウェルフェア，動物との共生まで詳述．〔内容〕家畜の歴史と未来／動物育種・生殖科学／家畜の栄養学と飼料学／安全な畜産物の生産と流通／伝染病の統御／アニマルウェルフェア・動物との共生／環境の保全／使役動物の飼養管理

畜産学概論

小林 泰男 (編)

A5 判／200 頁　978-4-254-45031-6 C3061　定価 3,740 円（本体 3,400 円+税）

畜産学を広範かつ体系的に学習するための入門書。畜産学初学者から実務者まで〔内容〕飼料（粗飼料・草地・濃厚飼料・特殊飼料）／栄養（ウシ・ブタ・ニワトリ）／管理・行動／育種／繁殖／生産物（肉・皮・乳・毛）／衛生・疾病・環境

図説 基礎動物遺伝育種学

東條 英昭・近江 俊徳・古田 洋樹 (著)

B5 判／120 頁　978-4-254-45034-7 C3061　定価 3,300 円（本体 3,000 円+税）

図を多用し，初学者にも親しみやすく基本から解説した遺伝育種学のテキスト．〔内容〕遺伝のしくみ／核酸と遺伝情報／遺伝子の構造と発現／ゲノム／染色体／連鎖と組み替え／変異／家畜の育種／実験動物の育種／バイオインフォマティクス／他

上記価格は 2025 年 3 月現在